"十二五"国家重点图书出版规划项目
北京市科学技术委员会科普专项资助

终极博弈：
人类的发展与永续

刘静玲　刘立源　杨　懿 / 著
by Liu Jingling; Liu Liyuan;
Yang Yi

U0342839

北京理工大学出版社
BEIJING INSTITUTE OF TECHNOLOGY PRESS

图书在版编目(CIP)数据

终极博弈：人类的发展与永续 / 刘静玲，刘立源，杨懿著. —北京：北京理工大学出版社，2015.1

（回望家园丛书）

"十二五"国家重点图书出版规划项目

ISBN 978-7-5640-9486-7

Ⅰ.①终…　Ⅱ.①刘…②刘…③杨…　Ⅲ.①环境工程－研究　Ⅳ.①X5

中国版本图书馆CIP数据核字（2014）第168666号

出版发行 / 北京理工大学出版社

社　　址 / 北京市海淀区中关村南大街5号

邮　　编 / 100081

电　　话 / (010)68914775(办公室)　68944990(批销中心)　68911084(读者服务部)

网　　址 / http://www.bitpress.com.cn

经　　销 / 全国各地新华书店

印　　刷 / 北京地大天成印务有限公司

开　　本 / 787毫米×960毫米　1/16

印　　张 / 9　　　　　　　　　　　　　　　　　　责任编辑 / 范春萍

字　　数 / 149千字　　　　　　　　　　　　　　　　　　　　　 张慧峰

版　　次 / 2015年1月第1版　2015年1月第1次印刷　　文案编辑 / 张慧峰

印　　数 / 1~3000册　　　　　　　　　　　　　　　　责任校对 / 周瑞红

定　　价 / 29.80元　　　　　　　　　　　　　　　　　责任印制 / 边心超

我们将给后代留下怎样的未来（代总序）

范春萍

尽管昨晚在网上接来转去了不少跨年的祝愿，但真正意识到这的确已经是2015年的第一天了，却是在今晨睁开眼睛的一瞬间。望着窗外迷蒙的晨曦，想着昨夜呼啸的劲风竟未能让京城雾霾尽散，心中无限惆怅。打开手机，赫然入眼的居然是上海外滩跨年人群发生踩踏事件，现场35人死亡，47人受伤。禁不住泪如涌泉。

如今，不知有多少人像我一样，忙碌和笑颜背后深埋着隐忧，沉重的危机感成为我们共同的思维背景和挥之不去的梦魇。

1962年，当卡逊（Rachel Carson）发现农药对生态系统的致命伤害，出版《寂静的春天》时，她一定相信揭露真相，就可以抵制农药的使用，让环境得到保护；10年后的1972年，罗马俱乐部发出给世界的第一份报告《增长的极限》，依据1900年以后70余年的数据，以数学模型仿真演绎世界未来，提出以零增长避免危机的方案，并游说各国政府共同应对环境危机时，佩奇（Aurelio Peccei）们一定相信，人类共同行动可使危机得以避免，那年在斯德哥尔摩召开了历史性的人类环境大会，提出"只有一个地球，人类应该同舟共济"的理念；再过20年后的1992年，世界各国首脑重聚里约热内卢，提出可持续发展理念，签署一系列旨在促进共同行动的协议和宣言，以为找到了可以告慰子孙、共赴未来的钥匙；本世纪之初的2004年，当田松发表《让我们停下来，唱一支歌吧》时，他还相信可以有这样的场景出现：全世界所有链条中的所有人，让我们停下来，面对一朵花儿，把手放在无论哪里，一起唱一支歌儿吧！

延续这样的思维，2009年，我们向北京科委申请科普立项并得到批准，开始着手组织出版"回望家园"丛书，希望能从不同角度，梳理环境破坏的状况，阐释保护环境的道理，探寻避免危机的途径，以唤醒更多人的思考和行动。

然而，著述的进展却非常不顺利。中途停摆换人、书稿返工放弃、修订补充文献、交稿档期拖延，各种状况不一而足，历时五年多才终于形成7个分册。反思原因，豁然醒悟，是时代的错综复杂和万千变化使我们无法有效地跟进，难以清晰地梳理和透彻地表达。

仿佛就在这五年间，世界出现了比以往任何时代都更加突飞猛进的变化。人类目前的危机，不只在于无法采取一致的环境保护行动，更在于打着各种发展旗号却充满潜在风险的行为（或言成就）又在登峰造极。而环境的状况，已再也容不得行动的拖延——这是怎样的窘境和险境？是怎样的前所未有的危机？

人类社会是典型的充满巨大不确定性的复杂巨系统，元素或子系统种类繁多，层次繁复，本质各异，子系统之间、不同层次之间关系盘根错，机制不清，不可能通过简单的方法从微观推断宏观，也不可能简单地将此一方法移植于彼一情境而求取预期的效果。荒漠化、气候变暖、生物多样性减少、环境污染，是联合国通过调查研究归纳出的人类四大生态环境问题。而其中每一项都是致毁的。

当前，人类社会最紧迫的任务是：放慢发展速度，治理污染，有序地撤出自然保护核心区，停止对目前尚且完整的自然山川的任何形式的工业及能源开发，有序地对受伤过重的土地退耕退牧，给自然生态以喘息和恢复的时间，以避免生物圈的整体大崩盘。而这，这需要人类达成共识，共同行动才能实现。

目前，地球上70多亿人口大约可分为三大部分，其中第一部分挣扎在温饱线以下，为获得基本生存资料而直接攫取环境中的生活资源；第二部分处于发展的路上，刚刚分享到一点点物质文明的成果，为发展而大规模开发物质生产条件，粗放地毁坏着环境、劫掠着资源；第三部分已进入疯狂发展的快车道，大数据、智慧城市、智能生产、生物工程、脑科学、机器人、纳米器械、量子计算机、新产业革命……，于无形中将自己置于工业文明食物链的顶端，成为发展的领航者，貌似清洁地于无形中吸纳、消费着前两部分的资源、产品、智力和环境容量，而第一第二部分，承接着领航者溢出的创新效益，也承接着领航者排放的垃圾，不由自主地追随领航者的脚步，一同冲向无底深渊。

如果地球无限，怎样发展都没问题，然而不管多聪明，不管所创造的物质体系多智能，人类毕竟还是自然界中的一个物种，是自然生态之网上的一个环节，没法脱离自然界而生存，健康的生态环境是人类永续发展的前提条件。

我们将给后代留下怎样的未来？这是当今人类需要共同思考和面对的问题。

技术批判哲学先师海德格尔在其著名的《关于技术的追问》结尾处，援引荷尔德林的诗句："哪里存在危险，哪里便冲腾着拯救的力量。""拯救"，应该是未来人类社会较长时期内最明确的主题词，拯救环境、拯救生态、拯救自身、拯救可能消失的未来……我们祭出这套丛书，也是希望由对危机的揭示而唤醒更多拯救的行动。

回望伤痕累累的家园，拯救的工程艰巨无比，个体羸弱无力。尽管如此，我们仍愿发出自己的呐喊，以求有更多的人猛醒，共赴时艰。

刚刚逝去的2014年流行过一句话："梦想还是要有，万一实现了呢？"羸弱的声音也要喊出来，或许更多的羸弱之力可以共同创造出一个奇迹呢。

2015年1月1日起笔，1月5日修成

目 录

前　言

　　漫漫历史长河，人类在与自然的博弈中，为了生存需要，根据对自然的了解，运用各种知识和科学技术手段，不断地改变自然或制造出器物，通过科学的某种应用，使自然界的物质和能源的特性通过各种结构、机器、产品、系统和过程，以最短的时间和少而精的人力做出高效、可靠且对人类有用的东西，伟大的工程常常是人类自我炫耀的丰功伟绩。但是回望环境史，由于人类欲望的极端膨胀，追求奢华的过程大大超过了地球的环境承载能力，人类在地球上大兴土木的杰作所造成的环境破坏，已在全球范围内呈现出巨大的环境风险，很多没有考虑环境效应和生态影响的工程成为影响地球生态系统和人类未来的"隐形杀手"。

　　"工程"一词，就狭义而言，为"以某组设想的目标为依据，应用有关的科学知识和技术手段，通过一群人的有组织活动将某个（或某些）现有实体（自然的或人造的）转化为具有预期使用价值的人造产品过程"；广义则为由一群人为达到某种目的，在一个较长时间周期内进行协作活动的过程。工程科学具体可以分为：土木建筑工程、水利工程、矿山工程、冶金工程、机械工程、化学工程、生物工程、动力与电气工程、航天工程、环境工程、精密工程、材料工程、海洋工程、核动力工程、信息工程、食品工程、交通运输工程、安全工程、管理工程和生态工程等。每一个工程学科又可以分为多个方向，既有宏观上浩大的工程，又有微观水平上的不为一般人察觉的工程与产品设计；不仅遍布整个地球乃至宇宙空间，而且与我们的衣食住行密切相关，特别是对人类生存与发展的环境产生巨大影响。

如今，我们享受着工程带来的舒适便利，津津乐道于人类改造自然的成果，欣赏着宏伟灿烂的人造工程，却对工程下隐藏的环境风险视而不见。工程所导致的许多地区性和局域性环境灾难都难以起到警示作用。看电影《后天》和《未来水世界》时，很多人都心存疑问，认为科学家和导演是言过其实，耸人听闻；当美国前副总统戈尔在《难以忽视的真相》中用科学数据和图表来证实全球气候变化的可能风险时，还有许多人无动于衷！

2012年6月20日，温家宝总理在联合国可持续发展大会上做了题为《共同谱写人类可持续发展新篇章》的演讲，代表中国向全世界倡议：今天的世界，已经没有新的大陆和绿洲可被发现，保护资源环境、实现永续发展是我们唯一的选择。展望未来，我们期待一个绿色繁荣的世界，这个世界没有贫困和愚昧，没有歧视和压迫，没有对自然的过度索取和人为破坏，而是达到经济发展、社会公平、环境友好的平衡和谐，让现代文明成果惠及全人类、泽被子孙后代。

用生态文明圆梦美丽地球已成为人类发展与永续的新愿景，这也是我们编著本书的出发点。我们希望人类在追求"更好，更快，更强"福祉最大化的同时，能够把可持续发展作为衡量地球幸福指数的一个要素，把环境风险控制在不影响人类生存和保障安全的范围之内。

本书以人类永续发展为主线，从工程环境效应的利弊分析这一新视角，期待引起政府管理部门、环境规划与管理专家、工程师及公众的关注。

本书共分为四章：第一章以人类工程的功与过为题，从环境史的视角，展示了全球最大的工程——城市的环境风险，以及环境风险向乡村转移的趋势与困境；第二章以工程对环境的负效应为题，从小到一张纸的故事的产品层面，到巨大工程的潜在环境风险，从人类生活的各个侧面展示环境风险，并对时尚的绿色工程进行了评估，给出工程自然化回归的发展愿景；第三章以工程环境决策的博弈为题，从环境法律、环境信息和公众参与等多种环境决策手段出发，整合自然科学、工程与技术和社会学理论与方法，探讨循环经济社会的建立途径；第四章以美丽地球之永续发展为题，展示了全球环境变化下人类面临的机遇和挑战，指出了绿色未来不是梦，生态工程将成为地球家园发展的绿色时尚之选，解决环境危机、保护与修复退化的生态系统将成为一个更加宏伟的工程，为工程师们提供了新的发展与创新空间！

如何使这个美丽星球上的文明得以延续，将是人类眼前利益与地球家园永续发展的终极博弈！我们坚信，地球家园的未来一定会更加美好！

第一章
人类工程的功与过

随着人类文明的发展，人们可以建造出更加多样、更加复杂的产品，这些产品不再是结构或功能单一的东西，而是各种各样的所谓"人造系统"（比如建筑物、轮船、飞机，等等），人类工程活动已经涉及人与自然之间、人与人、人与社会之间的各个方面。今天，工程已经渗透到人类生存和繁衍全过程，更成为人类社会对自然界最直接和最强劲的影响因素之一。工程的是非功过虽然众说纷纭，但是有一点已经成为共识，就是如果人类不能够善用工程，给环境和自身可持续发展带来的风险将是毁灭性的！

第一节　人类工程环境史的启示

一、狩猎的祖先——最初的工程

人类与猿类的血脉大约在500万年前开始分化，会使用粗糙石器工具的人类始祖大约在250万年前出现。考古学家在位于法国南部的特拉阿玛塔（Terra Amata），发现了一座40万年前的海滩小屋。考古显示，当时在那里生活的人已经会生火取暖。在位于约旦河岸的呼拉盆地南部，发现了一处史前遗址，在这处距今7万～8万年的遗址上，发掘出了史前大象的头骨，这是中东地区考古发掘中发现的最完整的大象头骨。在头骨附近，挖掘出了狩猎和屠宰用的各种工具，还有黑陶器等。在大象的头骨上有打击的痕迹，说明了猎人曾试图敲开这个头骨。这是目前发现的最早的狩猎活动。当代的考古证实，旧石器时代晚期的人类在狩猎技术上日趋成熟完善，使用的工具更轻、更锐利、更远距、更优雅、更具有杀伤力。火的发现和使用、工具的进步、人口的增长等因素都促使人类狩猎达到了前所未有的规模。这种大规模的集体狩猎可以用人类工程的概念来描述，也可以看作是人类工程最早期的萌芽。某些狩猎屠杀的现场似乎也只有用工程才能够形容。考古遗迹中有一处发现了上千头长毛象的遗骸；另一处遗址更出现了超过10万匹马的遗体。那个时代的猎人，会利用崎岖陡峭的地势，将整群猎物赶落悬崖，取走所需食物，然后任由动物尸体成堆腐烂，这样的行为曾经在加拿大亚伯达的野牛碎头断崖（Head-Smashed-In Buffalo Jump）等地经常发生。

人类的祖先与自然

人类的这种狩猎工程致使巨型袋熊、巨型欧洲野牛、猛犸象于旧石器时代晚期就被捕杀灭绝。虽然并非所有科学家都认为我们的祖先要为此负起全部责任，也许有冰河期气候变化等影响因素的存在，但是与我们祖先相关的证据却很多。肉食的唾手可得，意味着更多的婴儿出生，更多的婴儿意味着更多的猎人，猎人越多，意味着猎物迟早会越来越少。最后狩猎技术的至臻完美使狩猎的生活方式步入了终点。这段时期人类在世界各地的大规模迁徙，就是最好的证明。在旧石器时代最后的千年中，人类从杀戮长毛象转成了猎打野兔。

追求丰厚的食物及优越的生活本来无可厚非，但人类似乎违反了所有精明寄生者的第一原则：不可杀害宿主。他们把一个接一个的物种赶尽杀绝之后，一部分后代采取狩猎采集的生活方式，艰难地存活至近代，这群人在艰困中学会了管束自己。而其他人类则发现了一种新的生存方法，这一划时代的改变就是农耕。

于是，新石器时代来临了。而农耕是以牺牲品质来换取数量的：食物更多，人口更多，但营养与生活却鲜有改善。人们迫不得已放弃了丰富多样的野生食物，取而代之的是屈指可数的淀粉类根茎与禾草，如小麦、大麦、米、马铃薯、玉米等。人类在驯化植物的同时，植物也桎梏了人类。人类已很难逃出农耕这一生产方式，但农耕却时常让我们面临饥荒，同时伴随着干旱和疫病。

二、复活节岛的启示——工程的代价

1772年复活节当天，一队荷兰军舰驶入南太平洋，在智利西方、南回归线以南，发现了一座无名孤岛，岛上没有一棵树，小岛受侵蚀的程度严重到让荷兰人将之误认为是沙丘。他们驶近小岛时惊讶地看到数百座石刻雕像，有些竟如房舍般高大，他们无法理解，岛上的人在缺乏粗壮木材和强韧绳索的状态下，竟然能够竖起足足有十米高的雕像，这些石像仿佛从天而降，简直无法用科学的方法和原理去理解和解释。

现在，人类已经找到了令人震惊的答案。对岛上火山湖中采集的花粉样本进行分析得知，小岛原本水源充足、绿意盎然，在肥沃的火山灰土壤上长满了浓密的酒椰子树，这是一种能长到如橡树般巨大的优良树种。改变这一切的并不是任何天灾。复活节岛上的灾难，源自人类。

波利尼西亚人称这座岛屿为拉帕努伊。大约在公元5世纪，来自波利尼西亚马克萨斯群岛或甘比耶尔的移民乘着大型木筏，满载着平时所需的农作物与动物：狗、鸡、食用鼠、甘蔗、香蕉、番薯和用来制作衣服的桑树等，来到岛上定居。对于面包树和椰子树来说，复活节岛的气候偏冷，不过它还拥有丰富的海产：鱼类、海豹、小海豚、海龟和筑巢的海鸟等。在五六个世纪的时间内，岛民人口增长到约一万人，这对166平方千米大的地方来说是一个巨大的数目。岛民在岩石地基上建造房舍，组成村落，并将最好的土地开垦为田地。接着各个氏族开始以令人敬畏的石刻雕像来炫耀自己的世系，利用火山口湖采集的凝灰岩作为雕刻石像的材料，石像雕刻好后就竖立于海岸边。

各氏族对石像崇拜的竞争越演越烈，石像一代大于一代。于是，需要更多的木材、绳索和人力，好将石像拖运到祭坛上。砍伐树木的速度胜过了树木生长的速

复活节岛的传说

度，同时移民带来的鼠类以种子和幼苗为食，致使情况日趋恶化。到1400年，岛上的树木已被这片土地上大大小小的哺乳动物消灭殆尽。砍下岛上最后一棵树后，接下来一个多世纪的时间，岛民仍有足够的旧木材可以用来拖运巨石，仍有几艘禁得起远洋风浪的独木舟。但最后一艘好船消失的日子终于到来，战争开始。他们吃掉了自己所有的狗，也几乎吃尽了所有来筑巢的鸟，衰败从此开始了。

　　考古学家巴恩和弗兰利在他们于1992年出版的《复活节岛，地球之岛》中直言不讳地写道："复活节岛的人类为我们进行了一场实验，他们放任人口无节制地增长，对资源无度地挥霍浪费，对环境肆意破坏，并且深信他们的信仰将会照料未来，结果导致了一场人口崩塌的生态浩劫。复活节岛的文明最终走向了衰亡。"

你可以认为复活节岛仅是一个孤立于受限环境中的迷你文明，诸如建造祭拜石像如此庞大的工程，即便在今天的现代化社会，就岛内有限的资源来说也一定会无以为继。也许运用岛外的资源可以实现复活节岛文明的延续，无外乎是多耗用沙特阿拉伯的一点石油、多砍倒乌克兰或亚马孙森林的一些树木、多占用几艘万吨巨轮而已。可是，假如将我们生活的星球看作是复活节的孤岛，人类仍然如复活节岛岛民一样无止境地追求如此宏伟浩大的工程，地球的资源又何以为继？到那时人类将走向何方？该如何避免重蹈复活节岛的悲剧，这很值得我们深思。

三、最早的城市——苏美尔

世界上最早的文明出现在今日我们称为伊拉克的苏美尔。公元前5 000年至公元前4 000年，幼发拉底和底格里斯两条大河哺育的伊拉克南部大片土地，当时曾是一片充满鱼虾的水乡泽国。从新石器时代起，当地就孕育出许多农业村落。随着农耕的进化，零星四散的泥砖砌成的小村庄扩张成了城镇，大约在公元前3 000年，这些城镇变成了城市，并不断地在废墟上重建，直到把建筑堆得比四周的平原更高。长期下来，一层层地向上发展为人造山丘，成为阶梯金字塔式的城市。苏美尔就是由十数个这样的城市为主体所组成的文明，最高峰时苏美尔的人口总数达到约50万。

不断进步的农耕、丰收的粮食、幼发拉底和底格里斯河丰富的水源共同孕育了苏美尔文明。但促使苏美尔文明繁荣的根基却是苏美尔人的又一项伟大的发明，那就是完善、发达的农耕灌溉系统。伊拉克南部的气候是干旱少雨的，农耕几乎完全要依赖灌溉系统，农耕和生命需要的水要借由人工渠道传输到干旱的土地中。这一发明和建设完全可以称为一个浩大的人类工程。

星罗棋布的灌溉系统，使干燥土地上生长的作物得到了极其充分的滋润。昔日

最早的城市——苏美尔

的美索不达米亚是世界上最盛产粮食的地方。对见识过美索不达米亚沙漠的人而言，古代世界的繁荣景象几乎是难以想象的，过去与现在的对比是如此的强烈，人们不禁会问，如果苏美尔曾经是盛产粮食的世界谷仓之地，为何所有的人口会完全消失？为何土地会失去肥力？也许存在着外族入侵、战争、气候等诸多因素，但是最根本的原因却只有一个字：盐。

苏美尔的土壤是肥沃的冲积黏土，宜于谷物种植。虽然气候干旱少雨，但发达的灌溉系统和充沛的水源足以满足农耕生产的需要，只是土壤和河水中却都含有可交换的钠离子和盐。通常，钠离子和盐会被水带到地下水层中，或被河水冲刷出来一路挟带至海，只要地下水位与地表层保持一定的正常距离，含钠和盐的地下水就不能危害农田。但当苏美尔人将水引到干旱的土地，水分蒸发后，留下的只有盐。灌溉还使土地吸饱水分，使带盐分的地下水得以向上渗透，结果是土地盐分逐年加重。

作为世界上最早大规模农耕灌溉工程的缔造者，当时苏美尔人无法预见其新科技将带来的后果。在有限的人口时期，各城市原本可以拉长土地休耕的时间，使土壤得到恢复。但激增的人口、维持繁荣或追求更大浮华的需求，都促使苏美尔人更加反其道而增加作物的产量，极力地透支大自然恩赐的未来以支付眼前的需要，并将最后的自然资本不计后果地耗费在对无尽的财富与荣耀的狂热追求当中。运河越筑越长，休耕期越来越短，人口越来越多，过剩的资源都集中在贵族手中，用来建设宏伟浮夸的建筑。结果一场生态毁灭的灾难使得美索不达米亚至今仍无法从浩劫中恢复生机。出土的泥板文书证实，至公元前2000年，土地开始"转为白色"，所有作物包括大麦全部歉收，此时的收成只有原先的三分之一，苏美尔的千年历史在此画下了沉重的句号。直到今天，似乎仍然没有人愿意从过去的经验中吸取教训。

城市文明

至于苏美尔城邦各个古老的城市，有些萎缩成村落继续挣扎奋斗，但绝大多数则遭到整体性的遗弃。遗址四周被滚滚白沙覆盖。

人类维持进步与改变的工程仅仅是一种实验，这个过程似乎总是以进步为借口进行着不断的改变，但这种改变或称为进步有时可能是一种无奈的选择，就像我们的祖先从狩猎改变成农耕一样。这种改变通常会有一种惯性，而且很容易堕入"进步的陷阱"之中。虽然发展与进步的"神话之树"上的"工程之果"是那样的璀璨，但却无法保证它能避免大自然的惩罚，无法确保其持续辉煌而不会在瞬间衰落和消亡。我们人类可能过于关注从手到口这段距离的所有事物，进而总是试图追求更高明的工程，这种进步的过程已变得越发危险。当用进步、改变的工程对大自然的恩赐以发展的借口极力地透支时，人类是否会避免重蹈复活节岛岛民或苏美尔人一样的覆辙？我们真的需要深刻的反思！

虽然古代文明时期人类的活动，或者说历史上人类具有典型意义的、具有工程性质的活动，对环境的影响还仅仅局限在局部的区域或较单一物种之中，但通过今天的了解和反思，我们发现，其造成的改变却非常显著和具有代表性。从大规模狩猎终结了大型的动物，到局部文明的衰亡和毁灭，甚至使人类的生活方式也发生了根本性的转变，即人类从狩猎到农耕的转变。这所有的变化，似乎都可以在人类对环境的影响或破坏中找到至因。而直至今天，人类工程对环境的种种影响仍在延续和加剧，进而影响着人类的未来。

第二节　城市化与城市病

一、一个日益城市化的世界

人工环境是在自然物质的基础上，通过人类长期有意识的社会劳动，加工和改造自然物质，创造物质生产体系，积累物质文化等所形成的环境体系。与自然环境在形成、发展、结构与功能等方面存在差异。随着人类活动范围的扩大，地球上纯粹的自然环境已经很少，而人工环境的分布却越来越广泛。

人工环境根据空间特征可分为：①点状环境。以人类聚集地为中心，可以分为城市环境、乡镇环境、城郊过渡带和农村。②面状环境。农业和林业等大面积的人工工程，可以分为农田环境、人工森林环境和水利环境。③线状环境。公路和铁路等交通线路环境。

人工环境根据人类控制的程度高低可分为：完全人工环境；不完全人工环境。随着科学技术的进步，人为控制环境的能力增强，常常忽视了自然环境要素的重要性，由此产生了一系列影响人类生存或生活质量的环境问题。本章中重点介绍人类活动影响较大且环境问题严重的人工环境类型之一——城市。城市是以人为中心、以一定的环境条件为背景、以经济为基础的社会、经济、自然综合体，是经过人类创造性劳动加工形成的符合人类自身需要的社会活动场所，是人类占绝对优势的自然-经济-社会复合生态系统。

从旧石器时代形成村落以来，人类就一直表现出他们的群居天性。5 000年前美索不达米亚诞生的城市雏形，最初虽仅有几百、上千名居民，但后来却增长到了数万人，2014年的北京市常住人口高达2 114万，墨西哥城已拥有了超过1 820万的居民，日本东京的人口已超过1 332万。可以说，地球上任何一种其他的生物都没能聚集到这种程度，城市仿佛就是人类最喜爱的栖身之地。

人类文明的持续发展、进步与人类的天性一道，促使我们的世界日益走向城市化。近半个世纪以来这种趋势最为明显。城市化一般用城市人口占总人口数的比重来表示。据统计，1950年全球城市人口约为7.34亿，城市化水平为29.3%；至1980年城市人口增长为17.34亿，城市化水平为39.6%；到了2000年城市人口达到29.26亿，城市化水平上升为47.52%。以中国为例，2010年城市化率达到47.5%，2011年内地城市化率首次突破50%，达到51.27%，城镇人口首次超过农村人口。预计2050年，全球将有超过50亿的人生活在城市，城市化水平将达到61.07%。城市化的表现为：工业化导致城市人口迅速增加；单个城市地域的扩大及城市关系圈的形成和变化过程；形成城市特有的生活方式、组织结构和文化；拥有现代市政服

城市与城市化

务与管理系统；具有一定量的流动人口。

而亚洲作为全球人口最多的地区，在过去几十年里经历着迅速的城市化进程。1970—1990年，全球城市人口增加了10.38亿，而仅亚洲就增加了5.39亿，占56%，在20世纪末，全球每两个城市居民中就有一个亚洲人，而且从20世纪70年代以来，亚洲城市人口的年增长率均高于世界水平。

统计数据表明，更多的国家和地区卷进了城市化的浪潮，城市的人口增长速度加快，而且在人口总数中所占比例越来越大；人口继续向大城市或较大城市集中，新的城市不但经常出现，而且原有城市规模也在不断扩大，城市在经济生活中的地位越来越重要。

在城市产生之初，"城"和"市"是两个不同的概念，所谓"城"是指围绕着的构筑物，而"市"是指集中进行商业活动的场所。城市是人类社会与文明发展的产物，从远古的狩猎到农耕文明的改变开始，如果说工业文明是人类又一个伟大的改变及进步，那么城市就是这一进步的文明之树上结出的一颗果实，可以说城市本身就是人类又一个伟大的工程。

在城市这一伟大工程的发展和建造过程中，随着对自然认识的深入和科学技术的飞速发展，人类似乎摆脱了以往对环境的依赖和束缚，在改造自然的同时甚至已经能够征服环境，让环境更加符合人类的需要。人类几乎可以随心所欲地制造梦想中的物质和物品。随着冶金、机械、电子技术的发展，人类征服了海洋、天空乃至太空，发明了计算机，智慧被发挥到了极致。至此，人类似乎已经可以随意创造自己的生活，可以在自己想要去的任何地方建造自己的家园，人类可以在沙漠、海

《清明上河图》中描绘的中国古代的城市生活场景

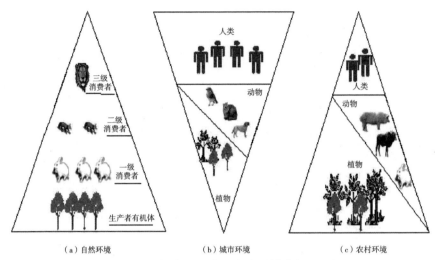

（a）自然环境　　　（b）城市环境　　　（c）农村环境

自然–人工环境比较图（引自，杨志峰，刘静玲等，2010）

洋、高山、冰原等过去不可想象的地方建造居民点及城市，甚至正在酝酿在月球上建设地球移民城市。人类已经无所不能，已经不用顾及和摆脱了环境的约束，古代人类对环境的依赖和屈服似乎已成为遥远的往事，城市中的自然要素越来越少。

今天，人们是那样陶醉于城市工程之果，舒适蜜意地生活在自己创造的城市"宫殿"之中。但是，与这些巨大成就相伴的究竟是什么呢？原来，是人类从来没有像今天这样对环境产生如此巨大的影响，同时环境也从来没有放弃对人类的反作用和惩罚，而且这种惩罚从未像今天这样强烈和严峻。

城市中的自然要素越来越少

二、失去朋友的城池

人类在城市这一伟大的工程中，建设了商场、工厂、学校、住宅、交通道路、给水和排泄管道，等等，已经彻底改变了对土地的使用目的，以农耕为目的对土地的使用在城市中早已荡然无存。自然因素的重要作用在城市化中被忽视了。这种使用目的的改变促使城市自然生态环境发生了质的、根本性的改变。城市环境中人工的成分越来越多，不论是动物还是植物的数量和种类都在逐渐减少，以自然生境为家的生物朋友不断灭绝与消亡，被保留下来的主要是人工驯化的物种和耐污品种。用生态学的方法进行描述就是：单一的种群结构，下降的植物与人的生物量比值。物种多样性的丧失削弱了生态功能的完整，同时阻碍了生态系统服务功能的发挥，最终因为生态系统结构的缺失和食物网络的破坏，人类赖以生存的基础——自然环境受到破坏并难以恢复。许多生物需要到动物园中才能看到，并以此让孩子体会到"人工的自然"。

由于植物种类的单一化，同时植物数量的逐渐减少，依赖于植物的各种虫类从此失去了孵化和生长的空间与场所，食物链的平衡被无情地打破了，结果是动植物的数量及种类都在减少。这时，以虫类为食的各种飞禽不得不迁徙或消亡，于是以

悉尼动物园中的国宝"考拉"（刘静玲摄）

飞鸟为食的其他动物由于食物的减少也都被迫迁徙或消亡，而这还不包括人类的捕杀及惊扰等因素所造成的影响。这种共同作用的结果打破了城市自然生态环境内的平衡，并直接导致在城市及城市周围地区自然物种变得稀少，被保留下来的主要是人工驯化的物种，原生植被演化成次生植被和人工植被，物种多样性大大减少，植被覆盖率大大降低。而城市绿色植被具有维持CO_2-O_2平衡、吸收有毒有害气体、吸滞粉尘、杀灭细菌、衰减噪声、改善小气候等多种功能，是名副其实的城市之肺。而动植物物种的多样性又是保持绿色植被繁荣茂盛的必要条件和基础。

　　城市的生物圈已经大大缩小了，而且越来越小，这已经是不争的事实。到这时

城市中的生物种群（刘静玲摄）

人在公园和动物园与自然亲近（陈敏、刘静玲摄）

我们才无比珍惜被混凝土建筑所替代的绿地。实际上，城市不是生态学家们喜欢的研究地点。生态学家发现，在城市中保持一定比例的绿地是必不可少的，一方面，需要选择光合作用效益高的植物种类，以便使氧气生产达到最大限度（必要时利用遗传工程创造这样的种类）；另一方面，规划新的城市时，应该在城市内扩大绿地面积（例如城市扩大时，从农村征得土地的一半要留作绿地）；同时，需要保持动植物种群的生物多样性，以利于动植物的生长和繁荣。

人类与昆虫斗争的历史虽然由来已久，但是现在城市昆虫却变成了一个很可怕的问题，以至于美国参议院要求国家科学院就这个问题进行研究。昆虫实际上威胁着所有美国南部城市。其他国家的许多城市像广州、新加坡、加尔各答、孟买等都同样如此。各种蟑螂、白蚁、苍蝇、蚊子以及老鼠，长期以来在城市中迅速繁殖。这一现象由于城市的发展而更加广泛，因为人类在越来越多地集中于城市中。人口的这种集中严重地影响着第三世界各国，而且将整整一个寄生生物区系带进了城市。已经充斥城市的老鼠群就是这样，生存在垃圾中的昆虫、各种各样的蠕虫也是这样，且不说细菌和病毒。由于适应性进化和自然淘汰的作用，人们渐渐看到了一个抗常用杀虫剂并传播疾病和危害的特殊的城市动物区系的产生。虽然灭虫斗争在农业中已经驾轻就熟，但在城市中却是另外一回事，因为人们不能用直升机在城市上空喷洒杀虫剂，也不能在空气中散布有毒气体。

沿海城市的生态系统也同样受到破坏。沿海生态系统包括湿地、潮滩、沼泽以及依靠其生存的动植物，特别容易受到城市土地用途改变的威胁。全球大约有10多亿人生活在沿海城市。而同时这些城市正在以前所未有的速度发展着，尤其是发展中国家，这种发展速度大大超过了周围农村地区发展的速度。一些发达国家，如美国等，沿海小城市也正在加速向大城市发展。随着海岸城市的扩展，越来越多的开发活动影响到沿海的生态系统，如大量的湿地和沼泽被抽干或填埋，在海滨和沙滩上修建房屋和旅游设施，进行大规模的使海岸线延伸到海中的人工填海项目等。

这种海岸线向海中的延伸开垦，会加剧海岸的侵蚀、破坏，改变港湾的水文，进而破坏自然演替的过程。海滨、沙丘、湿地、红树林、礁岛和暗礁等都可以作为防止风暴破坏的天然屏障，当这些缓冲物由于开发活动遭到破坏时，海岸便彻底丧失了抵御外界干扰的能力。

同时，由于对土地的需求十分强烈，很多国家、地区靠填海来增加土地面积，进一步破坏了沿海的沼泽，而过去用来养鱼的潟湖和沼泽已被填埋用于人居建房。2005年的卡特琳娜飓风在美国路易斯安那州新奥尔良市造成了巨大的生命财产损失。这实际上就是人类违反自然规律，盲目推进城市化，损毁了湿地自然生态系统

城市开发前后对比图（左图为开发前，右图为开发后。刘静玲摄）

的缓冲能力所造成的恶果。

　　由于城市工程的发展和建设，已致使世界的很多城市失去了抵御自然灾害的能力，面对大自然成为失守的城池。就这样城市工程使自然生态系统遭到破坏，从而失去了自然给予人类的天然屏障，从此成为了人类失去自然朋友的混凝土森林。印尼海啸和日本地震已经给我们敲响了警钟，生态保护与环境风险成为任何工程规划、设计和建设全过程中都需要考虑的影响因子。

三、罩中的孤岛与城市中的树

　　伴随着城市工程的进步，以人工建筑物、道路、广场等为主的硬质景观类型构成了城市景观的主体。这些不透水而且热容量大的建筑主体在很大程度上改变了城市区域光、热、湿、温、风等自然要素的时空分配，使城市犹如被扣上一个巨大的玻璃罩一般。城市气候的变化在悄然地影响着人们的生活，而随着城市建设的发展，气候变化会逐渐演变成不同程度的气候灾害。

1. 城市热岛

城市气候的温度变化可以采用气象学的近地面大气等温线来描述，郊外的广阔地区气温变化很小，如同一个平静的海面，而城区则是一个明显的高温区，如同突出于海面上的岛屿。由于这种岛屿代表着高温的城市区域，所以在环境科学中被形象地描述为城市热岛。城市热岛效应体现的是城市气候温度的变化和差异，城市与城郊或乡村存在着明显的温度差异。同时，一年四季都可能出现城市热岛。夏季高温天气的热岛效应对居民生活的影响最为明显。在夏季，城市局部地区的气温能比郊区高6℃甚至更高，形成高强度的热岛。

医学研究表明，环境温度与人体的生理活动密切相关，环境温度高于28℃时，人就会有不舒适感；温度再高就易导致烦躁、中暑、精神紊乱；气温高于34℃，并且发生频繁的热浪冲击，还可引发一系列疾病，特别是会使心脏、脑血管和呼吸系统疾病的发病率上升，死亡率明显增加。此外，高温还加快光化学反应速率，从而使大气中臭氧浓度上升，加剧大气污染，进一步伤害人体健康。

城市热岛的形成，显然是与城市化的发展密不可分的。城市内大量人工构筑物如各种铺装地面、建筑墙面、道路等，改变了城市下垫面（大气底部与地表的接触面）的热属性。这些人工构筑物吸热快而热容量小，在相同的太阳辐射条件下，它们比自然下垫面（绿地、水面等）升温快，因而其表面的温度明显高于自然下垫面。例如夏天里，草坪温度32℃、树冠温度30℃的时候，水泥地面的温度可以达到57℃，柏油马路的温度更高达63℃。这些高温物体形成巨大的热源，烘烤着周围的大气和我们的生活环境。而且，由于建设与发展的需要，城市土地需求急剧上

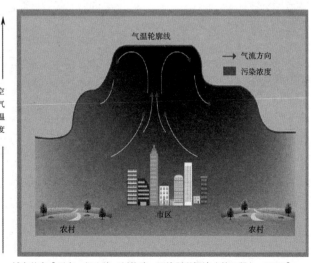

城市热岛 [引自，杨志峰，刘静玲，环境科学概论（第二版），2010]

升，致使城市中自然下垫面（绿地、水面等）减少，建筑物、广场、道路面积等大量增加，散热面积增加的同时吸热面积减少，城市缓解热岛效应的能力越发畏缩。同时，城市大气污染程度远远比城郊和乡村严重。城市中的机动车辆、工业生产以及人群活动，产生了大量的氮氧化物、二氧化碳、粉尘等，这些物质都可以吸收环境中热辐射的能量，本身就会产生众所周知的温室效应。这些因素共同引起城市大气的进一步升温，形成城市热岛效应。

科学研究表明，绿地能吸收太阳辐射，而所吸收的辐射能量又有大部分用于植物蒸腾耗热和在光合作用中转化为化学能，使得用于增加环境温度的热量大大减少。绿地中的园林植物，通过蒸腾作用，不断地从环境中吸收热量，降低环境空气的温度。每公顷绿地平均每天可从周围环境中吸收81.8兆焦耳的热量，相当于189台空调的制冷作用。园林植物通过光合作用，可以吸收空气中的二氧化碳。一公顷绿地，平均每天可以吸收1.8吨的二氧化碳，从而削弱温室效应。此外，园林植物能够滞留空气中的粉尘，每公顷绿地可以年滞留粉尘2.2吨，降低环境大气含尘量50%左右，进一步抑制大气升温。

城市绿化覆盖率与热岛强度成反比，绿化覆盖率越高，则热岛强度越低，当覆盖率大于30%时，热岛效应得到明显的削弱；覆盖率大于50%时，对热岛的削减作

城市中的自然符号"水与树"

用极其明显。规模大于3公顷且绿化覆盖率达到60%以上的集中绿地，基本上与郊区自然下垫面的温度相当，即消除了热岛现象。在城市中形成了以绿地为中心的低温区域，成为人们户外游憩活动的优良环境。除了绿地能够有效缓解城市热岛效应之外，水面、风等也是缓解城市热岛的有效因素。水的热容量大，在吸收相同热量的情况下，升温值最小，表现为比其他下垫面的温度低；水面蒸发吸热，可降低水体的温度。风能带走城市中的热量，也可以在一定程度上缓解城市热岛。

2. 城市干岛

城市主体由连片的钢筋水泥铸就的不透水的下垫面，既粗糙又没有透水能力，因此降落在城市地面的水分形成径流，大部分经人工铺设的管道排至他处。缺乏自然地表所具有的土壤和植被的吸收和保蓄能力。地面既难以大量吸收水分，也不能大量地释放水分，加之有热岛效应，城市大气的机械湍流和热力湍流都比郊区强。通过湍流的垂直交换，城区低层水气向上空空气的输送量要比郊区大得多。同时，城市近地面的空气很难同其他自然区域一样，从土壤和植被的蒸发中获得持续的水分补给，从而导致城区近地面的水气压小于郊区。城市空气中的水分偏少、湿度较低，形成孤立于周围地区的"城市干岛"。城市干岛效应既影响人们的正常生活，也影响各种植被的生长和繁殖。

3. 城市雾岛

城市中的微尘、煤烟微粒及各种有害气体，有许多是吸湿性核或冻结核，能使水气凝结，有利于形成降水。它们的数量还决定烟雾的厚度、高度和浑浊度，冬天城市上空烟雾降得很低，使大气能见度降低更甚。以煤为主要生产、生活能源的城

阴霾与蓝天

小贴士：气体循环

各种物质的主要储蓄库是大气和海洋，气体循环紧密地把大气和海洋连接起来，具有明显的全球性循环性质。气体循环主要包括碳循环和氮循环。

1. 碳循环

碳元素与生命有机体密切相关，是构成一切生命体的"骨架"元素。虽然最大量的碳元素被固定在岩石圈中，如煤、石油、碳酸盐等，但碳的循环具有典型的气体循环性质。碳以CO_2的形式储藏在大气中，其碳循环的基本路线是从大气到植物和动物，再从植物和动物到分解者，最后回到大气中。植物通过光合作用从大气中摄取CO_2，通过呼吸和分解把碳释放给大气，两者的速率大体相等。大气中CO_2的含量（约0.03%）在人类干扰前是相当稳定的。工业化以来，人类燃烧化石燃料等造成大气中的CO_2含量逐年增加。目前年排放量约为300亿吨。大气中CO_2含量的变化与持续增长，以及由此产生的温室效应，将给地球的生态系统带来什么影响，是当前科学家普遍关注的焦点问题。

2. 氮循环

氮是构成生物有机体的最基本元素之一，是蛋白质的主要

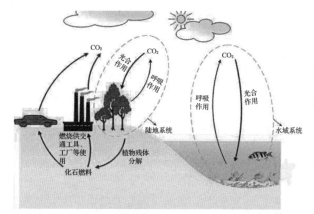

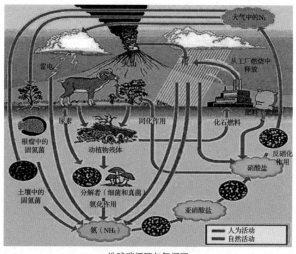

地球碳循环与氮循环

成分。大气中氮的含量约为79%，但游离的分子氮不能被植物直接利用。氮的循环主要是通过固氮菌和某些蓝藻，以及雷电和工业生产，把分子氮转化为氨或硝酸盐而被植物吸收，用于合成蛋白质等有机物质进入食物链。动植物的排泄物和尸体经氨化细菌等微生物的分解产生氨，氨经过亚硝酸盐被植物利用，还有一部分硝酸盐随水流入海洋或以生物遗体的形式保存在沉积岩中，另一部分硝酸盐被反硝化细菌转变为分子氮，返回到大气中完成氮循环。

市，冬季上空呈灰黑色。从远处看城市，其上空被灰黑色雾障所笼罩。这种雾障只有在大风时有可能吹散或在大雨后暂时变得稀薄些，在形成逆温层时，不利于污染扩散。城市云量增加，冬季比农村多100%，夏季比农村多20%～30%，阴天日数多，降大雨多，冰雹少，降雪少或多（因城市而异）。同时，由于城市空气中的固体微粒较多及二氧化碳等含量高，吸收和反射了太阳辐射，加之云雾多以致光强度减弱。太阳光经雾障后，减为原有能量的3/5。大城市减弱还要多些，特别是减弱了其中的红黄光和紫外线的强度，影响了植物的同化作用和花青素的形成。因此城市中培育的鲜花，不及远郊培育的艳丽多彩。此外，在城市高层建筑的阻挡下，日照时间也缩短了，一般减少5%～15%，有的地段甚至整天接收不到直射光。

不论是热岛还是干岛或雾岛，都表明城市小气候发生了巨大的变化，并越来越明显地影响到城市居民的正常生活，这种变化进一步促使城市生态系统步入不良循环之中。平衡早已被人类打破，很多城市就像堕入一个巨大的玻璃罩之中，在苍茫大地上犹如一个孤岛，原本应该充满明媚阳光、满眼翠绿、鸟语花香的城市环境，如今却经常弥漫在层层的灰色阴霾之中。

今天，人们谈到气候变化时越来越多地想到城市的大气圈。很多人都在网络或报纸中看到，在墨西哥城有些日子孩子们只能待在家中，否则就会在大街上被闷死。雅典盛夏的空气由于强热也几乎不能呼吸，巴黎外出度假的人们发现回来后会有几天感到呼吸难受。城市区域的气候灾难似乎正在步步逼近人类的日常生活。雾霾与PM2.5已经成为困扰城市居民和管理者的又一环境难题。

四、垃圾围城

人类在生活中以及为了维持生活而进行的生产过程中形成的废物和垃圾，已经越积越多，不论在城市还是在乡村，这些垃圾和废物都会给大气、水和土壤带来污

垃圾——人类每天必须面对的难题

染，并对环境形成巨大的影响。

　　目前，全球每年产出的垃圾和废物达到4.9亿吨，而单是中国就占了其中的1.5亿吨。我国每年产出的废物和垃圾占世界总量的1/3左右，成为世界上垃圾产出最多的国家之一，仅城市每年产出的垃圾量达12亿吨。同时，由于中国日常处理垃圾的主要方式是填埋，这些堆存的城市垃圾占用3.5亿平方米土地，导致大量有害垃圾直接进入环境，破坏生态环境的同时危害人体的健康。根据中国国家统计局的统计数据，我国目前668座城市中有2/3已经被垃圾包围，同时，城市垃圾还在以每年10%的速度逐年增长。垃圾焚烧项目环境风险加大，严重危害公众健康。

　　城市垃圾会造成严重的生物性和化学性污染。垃圾中含有各种有害的病毒、细菌、真菌和寄生虫，如此众多的污染物一旦进入水体，就会影响水生生物的繁殖，

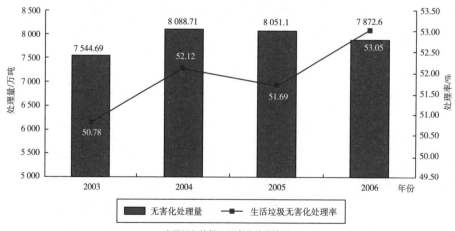

中国近年垃圾及无害化处理情况

甚至会造成一定水域生物的大量死亡；同时，不论进入地表水还是地下水，都会在生物体内蓄积，经食物链在生物圈内恶性循环，进入人体就会对人体健康构成危害，还会影响动植物的生长和繁殖。垃圾中例如食品包装用的塑料、纸张、金属容器等，可能会含有铅、镉、铬、汞、硝基化合物等有害物质，通过被污染的土壤和水也会在动植物体内蓄积，继而通过食物链或通过被污染的水进入人体，从而引起癌症等病症，危害人体健康。垃圾除了会渗入土壤和水体造成污染之外，还会通过扬尘和挥发污染空气。堆积的固体废物和垃圾中的尘粒随风飞扬，臭气四逸，污染大气。垃圾减量化、无害化和资源化是个艰难的系统工程。

五、难以呼吸的城市

环境监测数据显示，2009年，全国113个环保重点城市中1/3空气质量不达标，部分地区出现了每年200多天的灰霾天气。环保部表示，机动车尾气排放已成为大中城市空气污染的主要来源。

据统计，截至2013年底，全国机动车保有量接近1.37亿辆，全国有31个城市汽车数量超百万，其中北京、天津、成都、深圳、上海、广州、苏州、杭州8个城市汽车超200万辆，北京超500万辆。

小贴士：气溶胶与PM2.5

人类排放到大气层中的有害物质可以是气体，这些有毒害的气体与空气组成了均匀的气体混合物；有时这种物质也可以是固体物质或液滴物质，统称为颗粒物质，它们分散在空气中形成的颗粒物与气体的混合物就是气溶胶。

这种分散在大气中的固体或液体微粒，其颗粒直径在$0.001\sim500\,\mu m$之间。烟是一种含有固体、液体微粒的气溶胶，其颗粒多小于$1\,\mu m$。大气中尘的主要来源有处理煤、矿石等固体物质所产生的粉尘、风沙、燃料燃烧等。燃料燃烧产生的碳粒，实际上是具有多种游离基的聚苯型烃类物质，含有多种稠环芳烃类的化合物。

烟尘颗粒对人体的危害程度随其性质及颗粒大小有所不同。大于$10\,\mu m$的烟尘微粒，几乎都可被鼻腔和咽喉所捕集，而不会进入肺泡。对人体危害最大的是$10\,\mu m$以下的颗粒，称为飘尘。飘尘颗粒会经过呼吸道沉积于肺泡，如被溶解，就会直接进入血液，有可能造成血液中毒；未被溶解的污染物有可能被细胞所吸收，造成细胞破坏，侵入人肺组织或淋巴结而引起尘肺。

小贴士：二氧化硫（SO$_2$）和飘尘

SO$_2$是水溶性化学物质，因而对水有浸润性。这样，当SO$_2$进入人的呼吸道时，大部分为气管以上的部分所吸收而不会进入肺腔，也不会对肺部造成损害。但当存在飘尘的情况下，SO$_2$就会吸附在飘尘上，随呼吸进入肺腔深部，对肺泡造成损害，刺激支气管产生窄缩反应（痉挛），甚至使人窒息而死亡。此外，它还能使慢性心肺疾病的患者症状恶化或死亡。

飘尘，又称可吸入颗粒物，指悬浮在空气中的空气动力学当量直径≤10μm的颗粒物，能随呼吸进入人体上、下呼吸道，对健康危害很大。当粒径<2μm时，大部分可通过呼吸道至肺部沉积，对人体危害更大。飘尘是大气环境中的主要污染物。中国环境空气质量标准按不同功能区分为3级，规定了可吸入颗粒物的年平均浓度限值与日平均浓度限值。

飘尘是物质燃烧时产生的颗粒状漂浮物，它们因其粒小体轻，故而能在大气中长期漂浮，漂浮范围可达几十千米，可在大气中造成不断蓄积。它与空气中的SO$_2$和氧气接触时，SO$_2$会部分转化为SO$_3$，使空气酸度增加，进而使污染程度逐渐加重。飘尘能长驱直入人体，侵蚀人体肺泡，以碰撞、扩散、沉积等方式滞留在呼吸道的不同部位，粒径小于5微米的多滞留在上呼吸道。滞留在鼻咽部和气管的颗粒物，与进入人体的SO$_2$等有害气体产生刺激和腐蚀黏膜的联合作用，损伤黏膜、纤毛，引起炎症和增加气道阻力。持续不断的作用会导致慢性鼻咽炎、慢性气管炎。滞留在细支气管与肺泡的颗粒物也会与NO$_2$等产生联合作用，损伤肺泡和黏膜，引起支气管和肺部产生炎症。飘尘的作用可达数年之久，大量飘尘在肺泡上沉积下来，可引起肺组织的慢性纤维化，使肺泡的切换机能下降，导致肺心病、心血管病等一系列病变。

2009年统计数据显示：机动车排放污染物—氧化碳（CO）4 018.8万吨，碳氢化合物（HC）482.2万吨，氧化物（NO$_x$）583.3万吨，颗粒物（PM）59.0万吨。1/3城市空气质量不达标。环境监测显示，2014年6月环保部发布74城市5月空气质量状况，空气质

交通拥堵和大气污染成为"城市通病"

量超标天数达33.7%，主要污染物为PM2.5、PM10、SO_2、NO_2、CO和O_3。同时，全国一些地区酸雨、灰霾和光化学烟雾等区域性大气污染问题频发，部分地区甚至出现了每年200多天的灰霾天气，这些都与机动车排放的氮氧化物、细颗粒物等污染物直接相关。

六、 病态的城市河湖

城市水资源最重要的形式是城市水系。城市水系包括自然水系（地表水系和地下水）和社会水系两部分。自然水系指流经城市的自然或经过人工改造的河流干流与支流，以及流域内的湖泊、沼泽、地下暗河和地下水形成的彼此相连的集合体，由地表水系、暗河水系和地下水系三部分组成；社会水系包括城市生活生产供水、污水排水管网系统、雨水排除系统等。一般提到城市水系时，更多是针对城市自然水系中的地表水系而言的。

进入21世纪以来，城市、大城市以及超大城市，给人类带来了空前丰富的物质财富和精神财富，在社会经济发展中的地位日益突出。城市单元在用10%的土地

自然健康的河湖与城市河湖

小贴士：水循环

　　水是生命之源。照射在地球表面的太阳能除了很少一部分供植物的光合作用需要外，约有1/4用于蒸发水分，从而引起生物圈内的水循环。水分不仅能从水面和陆地表面蒸发，而且也可以通过植物叶面的蒸腾而进入大气中，大气中的水遇冷凝结成雨、雪，通过降水再回到地表，形成地下水，供植物根系吸收，其中也有一部分经缓慢移动流入海洋、河流、湖泊等水域中。这就是水循环。总之，没有水的循环就没有生物地球化学循环，就没有生态系统的功能，生命就不能维持。

创造出80%以上的社会经济价值的同时也给人类带来了诸多麻烦。人口大量涌入城市，在给城市建设提供充足的劳动力的同时也极大地刺激了城市对于物质和能量的需求。各类资源向城市区域集结成为趋势。受人类活动特别是城市化的影响，城市水系的天然水文过程会发生显著变化。主要表现为城市化对降水季节性规律与河网结构的影响，不透水地面对长期径流量与暴雨洪峰的改变，变化下垫面条件下流域生态系统结构和功能的改变等。

　　生态系统健康这一概念，在全球生态系统已普遍退化的背景下产生于20世纪70年代。Rapport在20世纪70年代末提出了"生态系统医学"的概念。他本人及其他一些学者认为，由于人类活动的影响，生态系统受到不同程度的损害，需要结合多学科的知识对受害的症状进行诊断。这种综合性生态系统诊断的思想，逐步发展成为生态系统健康的概念。

　　健康的城市水系生态系统应该是一个水体流畅、水环境质量良好、生态系统完整、人水和谐的水生态系统。在水文方面：城市水系纵向空间（上、中、下游）

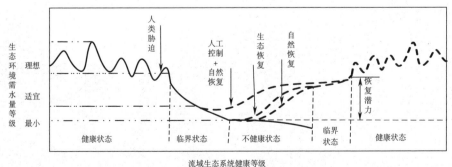

城市水系健康诊断图

上应保持连续性，同时水系所包含的各个子系统应该是相互连通的，各个子系统具有能够保证生态系统服务功能的适宜的水量，具有一定的流动性。在水环境方面：水系内的河流和湖泊水质良好，不发生水

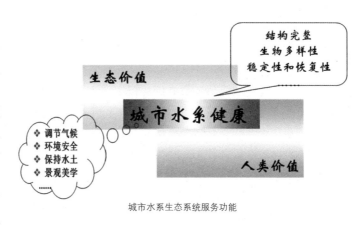

城市水系生态系统服务功能

华，能够满足水体功能。在水生态方面：水生态系统结构完整，具有自动适应和自调控能力，或在人工调节下能持续发展。在社会水循环中：各个子系统能够发挥生态系统服务功能，能满足人类休闲娱乐的需求和愿望；人类对城市水系的干扰减到最小，达到人类和城市水系的和谐统一。

另外，城市水系的景观效果也有重要作用。北京北环水系南长河两岸绿地较多，有杨树、松树、槐树、桃树等，人工种植有水葱、香蒲、芦苇、黄花、雨久花等挺水植物，设计有亲水平台。物种的多样性不仅可以促进生态功能的完整，同时还可以收到良好的景观效果。

城市水系生态系统是一个复杂的复合生态系统，由各要素通过复杂的生态作用关系组成。城市水系生态系统健康评价指标体系，将指标分布于不同的要素层，按照不同等级分层次构建指标体系。如要素层应包含水文、水质、景观、生态系统功

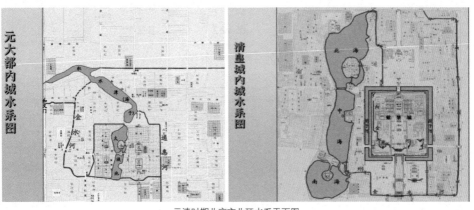

元清时期北京市北环水系平面图

能与结构几个方面。基于不同要素层有不同的指标，如水文要素层需要考虑水量、流速、河湖补给系数等指标，而水质要素层则要考虑水营养状况、低质污染状况等指标。

以北京北环水系为例，通过指标权重与评价标准的确定构建了北环水系生态健康评价模型，得到了北环水系河流与湖泊的健康等级。

分析北环水系6个河段和6个湖泊各要素的健康评价结果，得出影响各河段和各湖泊健康的关键要素，并对每个河段和湖泊的生态环境问题进行了诊断和功能区的划分。

北京市北环水系健康诊断结果

河湖名称	健康隶属度	临界隶属度	不健康隶属度	状态描述
永定河引水渠	0.177	0.182	0.641	不健康
京密引水渠昆玉段	0.358	0.315	0.327	健康
南长河	0.392	0.341	0.267	健康
北护城河	0.042	0.163	0.795	不健康
亮马河	0.042	0.031	0.927	不健康
筒子河	0.042	0.274	0.684	不健康
西海	0.111	0.078	0.811	不健康
后海	0.042	0.215	0.743	不健康
前海	0.136	0.215	0.649	不健康
北海	0.098	0.230	0.672	不健康
中海	0.282	0.526	0.192	临界
南海	0.409	0.402	0.189	健康

结果表明，北环水系水体大多处于不健康状态，主要的水环境问题包括水量严重不足，水质污染严重和水生态破坏严重等。其中，水量短缺是主导因素，而水质污染则是影响水体健康的关键因素，是造成水环境恶化的最主要原因。北环水系水环境主要问题可以分为不同类型：水质型、水量型、生态型和复合型。根据不同空间下河湖污水环境问题诊断结果，在空间上划分为污染控制区、生态恢复区和综合改善区。不同的区需要采取不同的科学方法与技术集成，才能有效地改善城市水系的水环境和生态系统结构域功能，逐步遏制环境恶化的趋势，经过长期的恢复才有

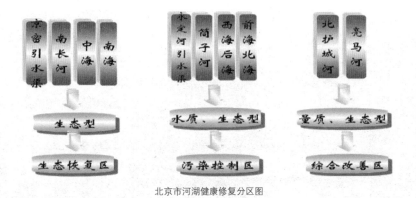

北京市河湖健康修复分区图

可能病愈康复！

第三节 原野牧歌与乡村环境风险

从祖先在大地上种下第一粒种子开始，我们的蓝色星球就开始发生巨大的变化。人类从此改变了对土地的使用方式，从狩猎和自然的采集向种植和蓄养的转变，彻底改变了我们的生活，农业和畜牧业逐渐成为生产食物以满足人类生存的重要手段，种植和养殖业就此成为关系人类生存的工程而发展、延续至今天。

我们可以将种植称作农耕，它是人类社会最古老的物质资料生产工程，也是人类社会最基本的物质资料生产部门。农耕是人类有意识地利用动植物生长机能以获得生活所必需的食物和其他物质资料的经济活动。从这个角度，人类的农耕生产完全可以用工程来恰如其分地描述。农耕是利用生物有机体生长发育过程进行的生产，是生命物质的再生产，因而也是有机体的自然再生长过程。种植业和林业的生产过程同时也是绿色植物的生长、繁殖过程。在这一过程中，绿色植物从环境中获得二氧化碳、水和矿物质，通过光合作用将它们转化为有机物质供自身生长、繁殖。

但是，农耕又不是生物有机体与自然环境之间的物质、能量交换的单纯的自然再生产过程。如果没有人类的劳动与之相结合，它就是自然界自身的生态循环过程，而不是农耕生产。农耕生产是人类有意识地干预自然再生产的过程，是通过劳动改变动植物生长发育的过程和条件，借以获得自己所需要的产品的生产过程。因此，它又是一个经济再生产过程，是一个人为控制的自然过程。

畜牧业和渔业的生产过程同时也是家畜和鱼类的生长、繁殖过程。在这一过程

农业与畜牧业

中，家畜和鱼类以植物（或动物）产品为食物，通过消化合成作用转化为自身所需的物质以维持自身的生长、繁殖。这一过程同时也将植物性产品转化为动物性产品。动植物的残体和排泄物进入土壤和水体后，经过微生物还原，再次成为植物生长发育的养料来源，重新进入动植物再生产的循环过程。显然，动植物的自然再生产过程有自身的客观规律，它的发展严格遵循自然生命运动的规律。

为了满足越来越多人口的食物需求，无数的劳动者、先贤、智者、科学家为此倾注了毕生追求和心血。至今天，人类似乎已经征服了土地，技术的应用已使生产效率和产量发生了质的飞跃，但是这种进步和飞跃也正在改变着人类赖以生存的土地上几乎所有的方面，进而影响着我们的生存和生活。

一、为土地增肥之后

植物作为自然界光合作用的神奇之果离不开阳光、水和土壤，而在土壤中又离不开氮、磷、钾这三种基本元素。不论是过去还是现在，全球人口增长与食物不足间的矛盾都让世界很多地区的人们倍感压力，因此，人类一直在努力追求收获更多的粮食。同时，人们发现既然植物的生长和结出果实是土壤中的物质与光、水光合作用的结果，那么粮食作物的生长和收获必然会让土壤中的部分物质减少或丧失，进而影响作物的收获。而且能够种植的土地是有限的，为使种植在土壤中的粮食能得到更多的收获，为土地补充养分也就成为必然的选择。

工业革命之后，致力于化学研究的科学家发现了在各种矿物质中分解并合成其他新物质的方法，于是，人工为土地增加养分成为可能，化肥从此诞生了。而所谓化肥就是化学肥料的简称，它是以矿物、空气、水为原料经过化学和机械人工合成的肥料。化学肥料于20世纪50年代开始被广泛使用于农业生产工程中。据统计，目前，世界粮食产量的增加，约有40%依赖于化肥所起到的作用。虽然具有显著的增产效果，但是，农田所施用的任何种类和形态的化肥，都不可能全部被植物所吸收和利用。据科学家统计分析，各种农作物对化肥的平均利用率依次为：氮40%～50%，磷10%～20%，钾30%～40%。未被植物吸收利用的化肥就只能流失在环境之中了。

由于化肥的主要原料是各种矿物质，而矿物质中又含有诸多

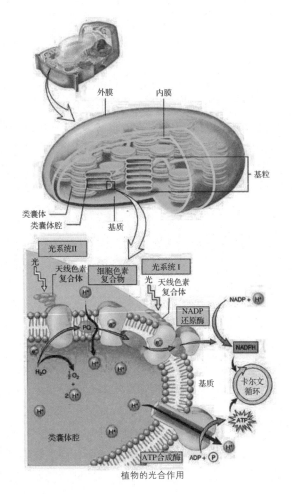

植物的光合作用

有害物质，例如：化肥中含有的镉、氟、铀、钍、镭等，以及各种有机化合物如硫氰酸盐、磺胺酸、三氯乙醇等。这些物质会通过在土壤中蓄积，流入地面水体和地下水，从而对环境产生多方面的影响。对中国太湖、巢湖、滇池、三峡大坝库区、杭州湾等的检测资料表明，水体中悬浮物和大部分氮、磷均来源于农田径流。除了使湖泊富营养化之外，范围广阔的化肥污染还会造成食品污染。在土壤中蓄积的化学物质过量地被植物吸收再经人食用之后进入人体，对人体健康造成伤害；而我们的饮用水无不是取自地面水和地下水，含有各种化学物质的饮用水对人体的健康同样具有危害性。据专家介绍，中国化肥年使用量为4 124万吨，平均每公顷施用量达400 kg以上，远远超出发达国家每公顷225 kg的安全上限。同时，化肥以无机氮和磷为主，而氮肥的利用率平均仅为40%左右。所施氮肥的一半在其被作物吸收之前就以气体形态逸失到大气中或从排水沟渠流失，造成土壤、地下水、地表水和空气的污染。据统计，1985—2000年，全国共有14 100.8万吨氮肥流失，即每年约有900万吨流失。

进入土壤的各种化学物质对于生态系统同样具有危害性。单纯施用一种化肥或过量地施用化肥，都可能致使土壤和地表水或地下水中的重金属及化合物的含量超过生态自净的极限。既然生物链金字塔中处于顶级的人类都在深受其害，那么下级或更低级的动植物就更不能够幸免于难。于是我们看到，广阔的田地上生态系统正在向着灾难性的恶性循环方向无情地倾斜。

二、人造温室

植物的生长离不开阳光。阳光直接决定了植物生长环境的温度。由于温度的限制，很多粮食作物无法增加产量，聪明的人类想到了为植物的生长环境增加温度，于是作为农业工程的又一个强有力的手段——人造温室和地膜覆盖技术诞生了。

在种植了粮食作物的土地上覆盖地膜，不仅会使作物的收获期提前，同时也会延长作物的生长期，从而使作物的果实更加成熟、硕大，经济效益非常显著。如今地膜覆盖已经是一项成熟的农业栽培技术，其大范围内的推广使用也完全可以用农业工程来进行描述。地膜的使用可以保水保肥、保持湿度，有效地增加和延长作物生长期，确保农作物产量的提高。但是，用于覆盖的地膜绝大部分是不可降解的高分子化合物，一方面使用后的地膜很难全部在田地中得以清除，另一方面，遗留在土地中的地膜完全降解需要数十年甚至几百年的时间，残留在土壤中没有降解的地膜年复一年、日积月累，越来越多，使土壤的通透性变差，给农田土壤带来严重的污染。据统计，近20年来，我国的地膜使用量和覆盖面积已居世界首位。2010年全

人造温室与土壤覆膜

国农用地膜用量就超过了80万～90万吨，而目前地膜的回收率则不足30%。据2009年统计，回收率仅达到40%，在地膜残留严重的地方，农作物减产达到20%～30%。中国浙江省环保局公布的调查统计数据显示，被调查区域地膜平均残留量为3.78吨/平方千米，造成的减产损失已经达到作物产值的1/5左右。

土壤渗透是由于水的自由重力作用致使水向土壤深层移动的现象。因风吹日晒而破碎的地膜很难完全从田地中清除干净，于是土壤中的残膜碎片就会改变或切断土壤孔隙的连续性，对重力水移动构成较大的阻力，致使重力水向下移动较为缓慢，从而使水分渗透量因农膜残留量增加而减少，土壤含水量下降，削弱了耕地的抗旱能力，甚至导致地表水难以下渗，引起土壤次生盐碱化等严重后果。同时，残膜碎片还会影响土壤的物理性状，抑制作物生长发育。农膜材料的主要成分是高分子化合物，在自然条件下，这些高聚物难以分解，若长期滞留地里，会影响土壤的透气性，阻碍土壤水肥的运移，影响土壤微生物活动和正常土壤结构形成，最终降低土壤肥力水平，影响农作物根系的生长发育，导致作物减产。残存的农膜对农作物也有危害，由于残膜破坏了土壤理化性状，必然造成作物根系生长发育困难。留有残膜的土壤，会产生阻止根系串通、影响作物正常吸收水分和养分的现象。作物株间施肥时，如果有大块残膜就会产生隔肥，影响肥效，致使产量下降。同时，如果播种时作物的种子恰好播在了残膜上，就可能产生烂种、烂芽，即使在出苗后，也可能会比正常作物减少侧根的生长，最后影响作物的株高和收获。有关调查资料表明，就残膜对玉米产量的影响进行的种植对比显示，每公顷有187.5千克残膜的土地，生产9 420千克玉米，比无残膜的对照田减产909千克，减产率达8.8%。

生产出足够的粮食来满足生存的需要，是人类必然的选择，但是为了增加粮食的产量，聪明的人类发明的技术手段、营造的工程有时却是那么的危险和难于控制。而且被地膜污染的土地的恢复非常的困难，有可能需要花费数倍于在土地上收获的粮食的代价才能够使土地回到地膜污染前的状态，如果任其污染下去，最终的结果就是土地歉收，直至颗粒无收。当前，人类正在努力开发可生物降解的环保地膜，以降低风险。

三、我们到底要杀灭谁

从农耕开始的时候，其他的植物或生物就一直在与人类争夺种植作物的果实，粮食作物生长的同时，杂草也在吸收土地的养分，各种昆虫在蚕食粮食的果实或根茎，这很让人们感到困惑和苦恼。现代文明的发展、科技的进步使人类似乎寻找到了摆脱这一困境的"金钥匙"。

人类将化学合成剂用于农业生产工程的历史也仅仅有一个世纪多一点的时间，虽然DDT在1874年就被分离出来，但是直到1939年才由瑞士化学家穆勒发现并重新认识到其对昆虫是一种有效的神经性毒剂。穆勒于1945年成功地合成了DDT。DDT在第二次世界大战中曾拯救过无数人的生命，人们当时以喷雾方式将其用于对抗黄热病、斑疹伤寒、丝虫病等虫媒传染病，效果显著。在一个军团中由于使用了DDT，斑疹伤寒由几万例的发病迅速降至几十例。而在印度，DDT的使用使疟疾病例在10年内从7 500万例减少到500万例。"二战"过后，开始对家畜和谷物喷洒DDT，使产量得到成倍增长。现代的化学农药、除草剂都得益于DDT的启发逐渐延伸而来。人类似乎找到了遏制病虫害的灵丹妙药，农药的使用在全球范围内一路高歌猛进，逐年上升。

从近半个多世纪的化学农药发展历史来看，无数事实可以证明化学农药在控制农作物病虫、草、鼠危害，保证农业丰收方面起到了任何别的措施不能代替的重要作用。科学家曾做过评估，如果停止使用化学农药，农作物将减产30%。在中国，这意味着将有3.5亿人挨饿。如果完全停止使用化学农药，预计水果将减产78%、蔬菜减产54%，谷物将减产32%。据统计，全世界粮食因病虫草害造成的损失，估计每年达800亿美元。在我国，调查数据显示，这种损失分别占粮食的10%、棉花的15%、水果的40%～50%。化学农药在这关键时刻就显示了神奇的功效，它对病虫草害几乎一扫而光，挽回大量损失。它使人类得以避免历史上由于病虫害导致的特大饥荒。

小贴士：食物链

食物链一词是英国动物学家埃尔顿（C.S.Eiton）于1927年首次提出的。贮存于有机物中的化学能会在生态系统中层层传导，通过一系列吃与被吃的动态过程，各种生物全部紧密地联系起来，这种生物之间以食物营养关系彼此联系起来的关系序列，在生态学上被称为食物链。在整个食物链中，如果一种有害物质被较低级部分生物吸收，例如：草接受了农药、化肥或被污染的地下水、雨水，不管浓度高低，虽不影响草的生长，但上一级生物例如兔子，吃草后有害物质在兔子体内就很难分解、排泄，这时，有害物质就会逐渐在兔子体内积累，而鹰吃大量的兔子，有毒物质会转移到鹰体内进一步积累，如此可以看出，食物链内的生物相互影响，这种影响有逐渐累积和放大的效应。美国国鸟白头海雕之所以面临灭绝，并不是由于人为的捕杀，最大的原因是因为化学物质DDT通过食物链逐渐在其体内积累，最终导致海雕生下的蛋都是软壳的，无法孵化后代。

在食物链中，一个物种灭绝，就会打破生态系统的平衡，导致其他物种数量的变化。如果食物链有一环缺失，将会导致生态系统严重失衡，甚至崩溃。

大型肉食性鱼类、海兽类

食肉性鱼类

以浮游动物为食的动物群

以浮游植物为食的浮游动物

浮游植物（海洋中初级生产者）

食品安全与生态安全

但是，使用化学农药杀死农业害虫与杂草的同时，由于农药的毒性，其对环境的负面影响也逐渐显露出来。1962年，美国海洋生物学家蕾切尔·卡逊在其发表的著作《寂静的春天》中质疑并提出："DDT进入食物链，最终会在动物体内富集，例如在游隼、秃头鹰和鱼鹰这些鸟类中富集。由于氯化烃会干扰鸟类钙的代谢，致

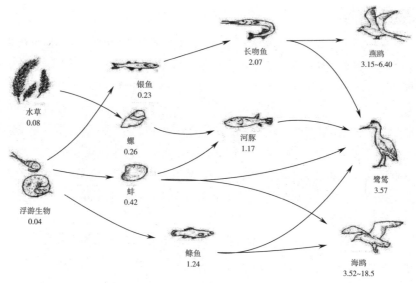

长吻鱼
2.07

燕鸥
3.15~6.40

银鱼
0.23

水草
0.08

螺
0.26

河豚
1.17

蚌
0.42

鹭鸶
3.57

浮游生物
0.04

鲦鱼
1.24

海鸥
3.52~18.5

DDT生物富集并随食物链放大示意图（引自杨志峰，刘静玲等，2010）

使其生殖功能紊乱，使蛋壳变薄，结果使一些食肉和食鱼的鸟类接近灭绝。"卡逊的质疑使很多人警醒。科学研究发现，DDT进入水中被浮游植物吸收后进入其体内，浮游动物又吃掉浮游植物进入浮游动物体内，浮游动物又被贝类吃掉进入其体内，贝类又被鱼吃掉进入鱼体内……这样最后进入人的体内，而DDT不能被分解，只能积累，所以人体内的DDT不断积累，最终会导致人因DDT中毒死亡。

研究表明，我国每年使用农药的土地面积在2.8亿公顷以上，每年使用农药量达到50万~60万吨。由于农药的利用率低于30%，所以70%以上的农药散失在环境之中，使大气、土壤、水体、农畜、水产品受到污染并通过食物链对人体健康造成危害。2002年对16个省会城市蔬菜批发市场的监测结果表明，农药总检出率为20%~60%，总超标率为20%~45%，远远超出发达国家的相应检出率。截至2010年，高毒农药使用比重下降至3.6%，使用量下降至10%以内，但检出率仍在10%~20%。

科学研究还发现，农药的使用会造成农作物减产、畸形甚至死亡。在农作物生殖生长时期，如花芽分化期、开花期、幼果期不合理使用农药，会造成畸形花、畸形果产生，出现大量的落花、落果现象；在农作物整个生长期会造成叶片枯萎、落叶、枝条干枯，甚至整株死亡。使用化学农药后，散失在环境中的农药，会残留在土壤、生物、大气中，例如：目前大量使用的杀虫剂是乳油的，通常含有60%以上的二甲苯、甲醇等有机溶剂，这些溶剂进入土壤后会使土壤板结，改变土壤的pH

农民-农作物-"害虫"

值；同时，目前的农药大多都是广谱的，使用后会直接杀死或通过食物链间接杀死其他生物，导致某些天敌大量死亡或者绝迹，严重破坏生态环境。与此同时，害虫也逐渐对农药产生了抗药性，致使农药的施用量越来越大，加重了农业环境污染，使其陷入恶性循环之中。

至此，人类再一次陷入两难境地，我们似乎已经别无选择，不使用农药粮食会大幅减产，而使用农药最终的后果又会无情地伤害到人类自身。我们到底要杀灭的是谁？如此发展下去恐怕人类在杀死害虫和野草增加粮食收获的同时，最终也将杀死人类自身！如今，人类警醒的同时也积极地行动起来，许多国家立令禁止使用DDT等有机氯杀虫剂，但是，由于在全世界禁用DDT等有机氯杀虫剂，以及在1962年以后又放松了对疟疾的警惕，所以，疟疾很快就在第三世界国家中卷土重来。今天，在发展中国家，特别是在非洲国家，每年大约有一亿多的疟疾新发病例，有100多万人死于疟疾，而且其中大多数是儿童。疟疾目前还是发展中国家最主要的病因与死因。因此，联合国已经建议在非洲等第三世界国家重新使用DDT等有机氯杀虫剂，然而，使用DDT之后的生态灾难，非洲等第三世界国家又如何面对？生活在那里的人们的命运最终又会如何？如果出现了区域性的生态问题和灾难，是否会蔓延至其他国家和区域，甚至破坏全球生态环境，恐怕现在的科学家也很难作出预测和解答。

四、工程PK脆弱的生态系统

除了城市和乡村这些人类聚集区，森林、草原、湿地、海洋和淡水生态系统中，也充斥着各种各样的对人类有用的工程，它们对生态系统的影响是直接的。陆地森林和生物栖息地的保护已经引起了各方面的重视，著书立说众多，这里不再赘述，仅以比较脆弱的草原生态系统为例，说明工程对生态系统的影响。

我们的星球，海洋的面积占去了79%，在仅有的21%的陆地面积中，山地、丘陵、沙漠又占有很大比例，最大的能够直接供应人类食物的土地就是农田和草原，而草原的面积占陆地面积的20%。

我们的祖先在驯服了某些植物的同时，也驯服了部分动物。人们发现，在广阔无垠的草原上蓄养动物，同样能够为生存提供足够的蛋白质与食物，于是先人们开始了游牧生活。在过去，畜牧活动对环境的影响微乎其微，牧民们一方面要同大自然的各种气候抗争，一方面又要同活动在草原上的食肉动物尤其是狼群殊死搏斗，他们游走在辽阔的草原之上，不待享用尽一方的草场就会驱赶、带领着牧群走向下一片丰美的草原。那时的草原，绿草葱葱，飘香的野花随风摇曳，喷涌的清泉或来自遥远山中的河水，蜿蜒流淌在一望无际的绿色海洋之上，河水形成的湖面倒映着碧蓝的天空和朵朵白云，"天苍苍，野茫茫，风吹草低见牛羊"。

在草原上，物竞天择，狼群以羊、牛、马为食，是人和牲畜的天敌，人们也在不断地围捕狼群限制狼群无节制的扩大繁衍，然而狼也以草原田鼠、野兔及野羊、野牛、野马为食，无形中限制了这些食草者与蓄养的家畜争夺草食。这些生物与人类一道形成了一个庞大的生物王国，形成了平衡的食物链条，它们相互制约，生息繁衍，与草原同生共存。

在近代，游牧民族也感受到游走四方的艰辛，体验到定居的安逸和幸福。于是牧民们开始选择定居，牲畜也跟着确定了它们生活的草场。同时，现代文明为人们捕杀狼群带来先进的武器，人类终于赶走或彻底消灭了所谓的天敌，草原上的狼群消失了。的确如人类所愿，牲畜得到了大量的繁殖，但是在狼口脱生的田鼠、野兔、野羊等也得到了大量的繁殖，与此同时牧民饲养的家畜却由于定居只能在自家固定的草场上饲养进食。于是，没有了天敌的畜群日渐庞大，与田鼠、野兔、野羊等一道，将大片大片的绿草吃光，经常是将草连根拔起，啃净吃光。从此，草原逐渐失去了青青绿草，处处是裸露的黄色肌肤，一起风，黄沙漫天，遮天蔽日，许多地方渐渐沙漠化，青青绿色草场变成了滚滚黄沙。大风起时草原会经常笼罩在呛人的沙尘细粉之中，牛羊因为没有了鲜嫩的绿草，数量急剧减少。今天，一望无际的辽阔大草原，再也难现风吹草低见牛羊的原野牧歌了。

据统计，我国的内蒙古草原，每头/只牲畜的平均草场占有面积从20世纪的170亩（1亩=667m²）左右降至14.6亩。20世纪60年代后期以来，随着人口的增长，对草地的利用强度不断增加，大面积草地退化、沙化与盐渍化。20世纪80年代中期，全国退化

草原–荒漠–狼–城市

草地面积8 666.7公顷，至90年代中期已达到近13 333万公顷，几乎占可利用草场面积的50%，根据2000年遥感勘查，全国25公顷以上的成片草地为3.3亿多公顷，比20世纪80年代中期调查时减少了2 623万公顷，平均每年减少约150万公顷。蒙古共和国及世界其他国家和区域也不同程度地存在草原生态系统退化，草场沙化、退化的现象。

第四节　工程的环境风险

工程在改变人类生活的同时会使环境发生变化吗？环境既包括以空气、水、土地、植物、动物等为内容的物质因素，也包括以观念、制度、行为准则等为内容的非物质因素；既包括自然因素，也包括社会因素；既包括非生命体形式，也包括生命体形式。这说明，环境既包括了自然界的一切，也涵盖了人类改变或创造的所有，以及人类社会文明的本身。工程可以对环境中的大气、水和土壤以及生态系统产生重要的影响。

工程为人类文明的发展与进步做出了很多贡献。但是，人类似乎过于关注工程所带来利益，或者是在生存这一生死攸关的垭口面前选择工程这把锋利的长矛，与自然进行较量。工程对环境的影响在人类的头脑中变得一叶障目，甚至视而不见了。但是，自然科学的规律却是那般的冷酷无情，恶化的环境已经开始或正在惩罚人类的肆意妄为，而有的时候，问题的关键也许还不仅仅在于此。我们常常发现，工程带给人类幸福和舒适时，灾难也许正在结伴而行。人类对工程与环境的意识和警醒是从英国伦敦天空中的雾气开始的。

一、空气中的杀手

作为人类工业文明的发源地，20世纪50年代，全英国都在依靠煤炭取暖，这一人们抵御寒冷秋冬的取暖工程遍及伦敦的千家万户。城市附近的工厂同样烧煤取暖，成千上万个烟筒排出的未燃烧尽的余物——煤气、煤烟、灰粒，悄悄地飘进了大气中。

秋季，泰晤士河的暖湿空气伴着汽车排出的废气、工厂烟筒冒出的烟尘与家庭煤炉的烟尘交织在一起，形成了浓厚的雾气。这厚厚的、难闻的雾气，笼罩着伦敦，给周围的一切抹上一层暗淡的色调。浓雾钻到公共场所——电影院、剧院、饭店、商店、俱乐部，渗透到家家户户，浓雾里还夹杂着呛人的烟味，此时，甚至衣服、食物上都会散发着烟雾的味道。人们咳嗽着，用手绢堵住嘴巴，诅咒着烟雾，但当时人们并不了解这种烟雾会给人体带来何种危害。这一季节是哮喘病患者及不同种类肺病患者最难熬的季节。即使健康的人也会觉得缺氧，身体最弱的人成了伦敦大雾的首批牺牲品，救护车鸣着笛，载着咳嗽不止的病人和气喘病患者小心翼翼地向医院行驶。

1952年12月6日，烟雾变得最为浓烈，浓雾遮住了整个天空，测量到的能见度只有几十英尺，而风速读数则是完全静止的。当空气停滞不动地飘浮在城市上空时，冒烟的炉子、锅炉和壁炉向空气中排放的烟尘具有了更加强烈的毒性。此时，雾早已不再洁净了，雾不再是清洁的小水滴，而是烟和雾的混合物，我们就称之为"烟雾"。烟雾侵袭着一切有生命的东西，当人们的眼睛感觉到它时，眼泪就会顺着面颊流下来，每吸入一口气就吸入一肺腔的污染气体。凡是人群集聚的地方，都可以听到咳嗽的声音。所有医院都挤满了中毒的就医者，其中一次就有上千人中毒。烟雾中毒者仍在不断增加，医生面对如此多的中毒患者束手无策。医务人员也同样遭受到毒雾侵害。为了不受有毒雾气的侵害，需要很多氧气袋。但，仅仅氧气袋还不能完全解决问题，还需要阳光和风，但当时却既无阳光也无风。大批的哮喘病患者疾病发作，药品缺乏。此时，死亡逼近了伦敦市民。据统计，仅1953年前几个月，有毒烟雾就造成4 000多人死亡，而全年共有约1.2万人死亡。

伦敦和其他欧洲城市一样，被这一死亡数字震慑了。从此，伦敦人称雾或者烟

伦敦烟雾

雾为杀手雾。这就是著名的"伦敦烟雾事件"。伦敦毒烟雾的发生，虽然有潮湿有雾的空气在城市上空停滞不动的气候因素存在，但是大量的烟尘加入其中，城市上空的大气成了堆置工厂和住户烟筒里排放的有毒废物的垃圾场，却是事故的主要原因。在后来的化验与分析中了解到，烟尘中含有大量的烟尘颗粒物和二氧化硫物质。事件的"主犯"就是飘尘，"帮凶"是二氧化硫，是两者协同作用的结果。人们从这一事件中清晰地感受到，人类活动在对环境造成影响的同时，环境也在对人类施加反作用，甚至惩罚。至此，享受在城市化宫殿中的人类，终于从空气中感受到环境的报复。

从那时起，人们开始意识到取暖系统会造成空气污染，并对人类生存构成威胁。人们开始认识到，支撑城市这一人类工程的工业生产、交通运输、居民生活都会排放出大量的CO_2、SO_2、CO等有害气体和烟尘。这些气体笼罩在城市上空，会给人们的身体健康造成巨大危害。这种混合的有害气体通过紫外线的照射和化学反应，还会形成一种新的污染物质——光化学烟雾，而光化学烟雾的危害则更加严重。后来的美国洛杉矶市就出现了光化学污染事件。这种光化学烟雾不断聚集、增强，滞留几天不散，使居民眼红、喉痛、咳嗽甚至死亡，后来把这种物质称为"洛杉矶烟雾"。

人类终于意识到在追求更美好、更舒适生活的同时，人类工程已经促使环境悄然发生了变化，而这种变化正在对人类生命构成威胁。

二、水环境风险

水环境风险是指河流、湖泊、河口、水库等各种水体环境质量遭受破坏的可能性。水环境风险是由自发的自然原因和人类活动（对自然或社会）引起，并通过水环境介质传播，是能对人类社会及自然环境产生破坏、损害乃至毁灭性作用等不幸事件发生的概率及其后果，例如突发性的水污染事件所造成的风险。

水环境风险可分为突发性和非突发性风险。突发性风险指环境中有毒有害物质突发性（或事故性）泄漏排放至环境中导致环境质量超标的可能性。近年来，随着水环境污染的日趋严重，水环境风险问题也日益引起人们的关注。水环境中还存在没能引起人们注意的另一类风险，即非突发性风险。非突发性风险是指基于环境中存在着大量的复杂因素，致使有毒有害物质即使是达标排放后仍然存在着对环境污染的可能性。其风险存在主要是由于人们在执行环境规划时，为了获得最佳的环境效益和经济效益，允许污染物排入水体。而与水体混合之后的浓度在一定程度上超

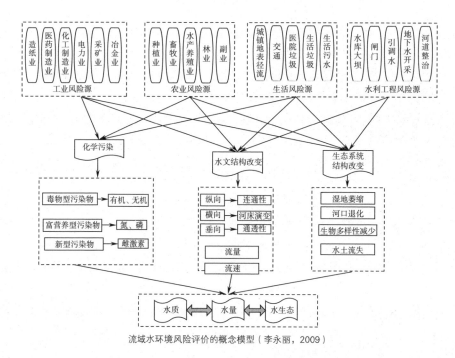

流域水环境风险评价的概念模型（李永丽，2009）

过了环境容量，只能以充分利用水体环境的自净能力来减轻污染。而一旦水体受不确定性和非线性等种种复杂因素的影响时，其自净能力会发生变化，水体中污染物的浓度就有可能超过环境容量而造成污染。它具有潜伏性、长期性和复杂性等特征，同样也具有破坏性和难以预测性。包括对水资源不合理开发的资源型工程建设（水库大坝等）严重破坏导致的生态型和水环境恶化导致的水质型风险。

三、生态平衡与环境安全

无论是自然环境，还是人工环境，其内部各个因素或成分之间，以及不同生态系统之间，总是在不停地进行着物质循环和能量交换，这种交换完全是一种动态的过程。同时，各因素与成分之间会在动态条件下建立起相互协调与补偿的关系，使得整个系统保持动态稳定状态，这就是生态平衡。

环境安全是指与人类生存、发展活动相关的生态环境及自然资源处于良好状况或未遭受不可恢复的破坏，保持着生态平衡和可持续发展的良好状态。这一理念出现于20世纪70年代，但是直到90年代才逐渐受到各国的重视。

环境安全（Environment Safety）具有两层含义：①生产、生活、技术层面的环境安全，主要指因环境污染和破坏所引起的有害于人群健康的影响；②社会、政治、国际层面的环境安全，主要指因环境污染和生态破坏所引起的有害于国际和平、国家利益、社会安定的影响。当代人类面临着的环境危机及问题，涉及几乎所有国家的利益。因此，环境安全既是环境问题，也是国际上政府与学术界关注的热点问题之一。环境安全主要包括以下方面。

（1）生态安全。

生态安全即生物生长发育及其与环境协调一致的动态安全过程，是指在基因、细胞、个体、种群与群落水平上皆处于不受威胁的良好状态。主要包括生物入侵和转基因生物安全。

（2）食品安全。

发展中国家残留在蔬菜、粮食中的化肥、农药、兽药、生长调节剂普遍超标，并存在因向饲料中非法添加激素和生长促进剂而造成畜禽产品污染的问题。

（3）健康安全。

全球广为分布的地方病是发生在特定地区、与地理环境有密切关系的疾病，如分布在喜马拉雅山区、刚果河流域、安第斯山区、北美五大湖盆地、阿尔卑斯山区以及新西兰等的地方性甲状腺肿。地方病按致病因素可分为地球化学性地方病和生物性地方病。人体从环境中摄入的元素量若超出或低于一定的阈值，便可能出现化学性地方病。由于环境污染造成大范围的人群健康安全问题也引起了人们广泛的重视。

（4）资源安全。

随着人口增加、工农业生产规模扩大和生态环境恶化，淡水、海洋渔业、大气污染物排放权等环境资源已成了各国、各地区争夺的对象。水资源是基础性自然资源和战略性经济资源。水资源安全是资源和经济安全的一部分。

生态安全日益受到关注凸显其重要性。20世纪90年代初，美国科学家Joshua Lipton等人提出，风险的最终受体不仅是人类自己，还包括生态系统的各个层次。生态风险评价的风险胁迫因子从单一的化学物质，扩展到多种化学物质及可能造成生态风险的事件，风险受体也从人体发展到种群、群落、生态系统及流域景观水平，比较完善的生态风险评价框架已初步形成。1990年，美国环保署提议在风险因子中加入非化学胁迫因子，胁迫因子由化学物质发展到自然因子（如生境破坏、水

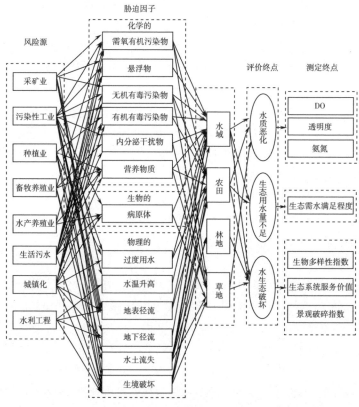

海河流域滦河水环境生态风险关系图

土流失等）。水环境生态风险评价的程序基本可分为五部分：源分析、受体分析、暴露分析、危害分析和风险表征。

　　现以海河流域的滦河水系为例，滦河流域位于东经115°30′～119°45′，北纬39°10′～42°40′，发源于河北省丰宁县巴颜图古尔山麓，流经坝上草原，穿过燕山山脉，经承德到潘家口穿长城入冀东平原，于乐亭县流入渤海，全长888 km，流域面积44 750 km²，其中山区面积43 940 km²，平原面积810 km²。滦河水系呈羽状，南北长435 km，东西平均宽100 km，其中滦县以下至入海口平均宽约20 km。冀东沿海地区指滦河下游两侧的若干单独入海的河流流域，共有河流32条，其中滦河干流以东有17条，发源于燕山南麓；以西有15条，大部分发源于丘陵区。冀东沿海地区流域面积10 460 km²，山区3 050 km²，平原7 410 km²。按行政区划，滦河流域河北省面积为36 220 km²；内蒙古自治区面积为6 950 km²；辽宁省面积为1 580 km²，其中重要控制性工程潘家口水库以上流域控制面积为33 700 km²，大黑汀水库以上流域控制面积为35 100 km²，其下游干支流建有引滦入津、引滦入唐、引青济秦等大型引水工程。

　　工程与环境也是如此，两者并不是对立和独立的，而是互相联系、互为条件、相互促进的。脱离开环境而进行的工程建设及进步注定会没有生命力，或者说是不可持续的。而如果没有人类文明进步和发展的工程之果作为基础，保护环境也会是一种空谈。

第二章
工程对环境的负效应

第一节　舒适便利下的环境悲歌

自18世纪产业革命以来，世界科学技术飞速发展，特别是在第二次世界大战之后，人类对科学的认知更可以用日新月异、一日千里来形容。科学知识已经成为提高生产力的有力工具，被人们视为第一生产力，在人类社会各方面都得到广泛应用，并使人类生活发生了翻天覆地的变化。蒸汽化时代刚刚来临，电气化时代、自动化时代、信息化时代接踵而至。

自从人类发现电作为能量的一种形式而存在以来，电作为能源改变了生活中各种事物的运行方式，从而彻底改变了人类的生活。如今，人们似乎早已习惯于电力所驱动的各种机械、设施代替人类的劳作，自动化成为舒适的现代化社会生活的代名词，舒适或更舒适、方便或更方便已成为所有现代人的生活追求。

石油作为能够满足工业生产所需的燃料和原材料的性能被发现之后，人类对物质的化学分析与认识能力也有了跨越式的进步，这代表着人类文明的又一次飞跃。塑料、PVC等化学物质被成功合成之后，人类更加轻易地合成了多种化学物质，这使满足

舒适便利的生活

人类享受方便、舒适生活的种种需求变成了现实。

紧接着，人类为了与远方交流或获得其他区域的原料和产品，发明了各种交通工具，汽车、火车、飞机应运而生，为交通服务又建造了大量道路和桥梁。在这个过程中，人类利用科学技术知识这把利剑所向披靡，实现了无数前人曾经梦寐以求的传奇，似乎开始具备了随心所欲地设计、制造、生产生活中所需要的一切的能力。于是，现代化的生活方式开始决定生产企业的产品和服务，进而决定了科学进步的走向和趋势。反过来，企业提供的产品或服务也无时无刻不在影响着人们的生活方式。在今天，似乎方便和舒适的生活，已成为全人类共同的追求，已成为更加美好及幸福生活的一条准则。人们已不顾化石能源是否可以再生，全然不顾化石能源的使用是否会改变地球的气候，是否会对地球自然生态系统形成灾难性的伤害，人类似乎只关注自身生活的方便和舒适，对其他的一切均熟视无睹。至此，人类的所有工程或产出品都在一味地围绕着方便和舒适这个美好的人生主题演绎和进化，而灾难似乎也在悄悄降临。

面对今天人类文明的进步与繁荣，也许人们更多关注或看到科技进步所带来的机械化、自动化、信息化等方面的改变，生活方式的变化反而容易被忽视。纵观今日的社会，不论是工业产品还是农业产品，抑或是文化及信息都已经成为能够在市场上流通的商品，我们的时代已成为一个市场时代。市场已经成了为更好地满足人们的需要而存在的、商业竞争的温床。为了使商品更能满足人类的需求，或更加吸引消费者的注意，生产者再次操起科技与智慧的利剑，极尽所能地将产出的产品进行包装，以促进销售。

食品包装和食品生产工具、设备对食品卫生、食品质量都会产生重大影响。包装虽然不会直接添加到食品中，但是会在生产、运输、包装和盛放过程中与食品接触。于是，某些有害物质会向食品迁移，造成食品污染，影响人体健康。因此国际上把食品容器称为间接食品添加剂。

一、五颜六色的塑料

良好的食品容器不仅能起到美化食品、促进食欲的作用，而且还可以保护食品、保证食品的卫生、延长货架期，有利于食品的运输、储存、销售。但食品被人们享用后，包装即成为废物。包装废弃物在耗用自然资源的同时，也会产生环境污染，进而威胁人们的身体健康。

例如：塑料制品和铝制品容器本身不透气，使食品不易腐烂，同时铝制品本身有一层氧化膜，能够延长使用寿命。但是，铝制品闪闪发光、漂亮的外表后面，却含有有毒物质，对人体健康有不良影响。人体摄入过量的铝会对智力、记忆力等脑功能形成严重损害。铜制容器美观耐用，但很容易产生铜绿。铜绿是一种剧毒物质。锌制品如镀锌白铁食具，遇酸或高温容易分解，产生锌中毒现象。使用更多的不锈钢容器，由于掺入了其他重金属，也会对人体健康带来影响。各种金属包装品或容器金光闪闪的背后，也许就隐藏着对人体致命的各种毒素。对人体如此，对自然界的其他生命，同样也是致命毒素。

自从100多年前奥地利科学家马克斯·舒施尼发明塑料以来，塑料制品已经遍

无处不在的塑料

布人们生活的每一个角落。为了方便人们购买商品，超市、商店、菜场都备有免费塑料袋，这使人们出行购物倍感轻松。橱柜、桌面、门窗、电脑等也都能见到塑料的身影。现代人的生活也许很难离开这五颜六色的高分子合成物。但是，也许舒施尼做梦也没有想到，他的这项发明100年后会给人类带来什么样的环境灾难。由于塑料的低降解性质，人们使用之后废弃的塑料给环境带来了难以处理的麻烦。据科学家测试，塑料袋埋在地里需要200年以上才开始腐烂，完全降解或许需要1 000年。消灭这些被称为白色垃圾的塑料只能靠挖土填埋或高温焚烧，而这两种途径都会对环境产生严重的不良影响。前者会严重污染土壤，焚烧则会产生大量的二氧化碳，氮、硫、磷氧化物，以及二噁英等有毒、有害烟尘和气体，同样会对大气环境造成致命的污染。

以二噁英为例：如果人体短时间暴露于较高浓度的二噁英中，有可能会导致皮肤的损伤，出现痤疮及皮肤黑斑，还可能出现肝功能的改变。如果长期暴露则会对免疫系统、发育中的神经系统、内分泌系统和生殖功能造成损害。暴露于高浓度的二噁英环境下的工人，癌症死亡率比普通人群高60个百分点。二噁英进入人体后所带来的最严重的后果包括：子宫内膜异位症、影响神经系统发育和认知能力、影响生殖系统发育（精子畸形或数量减少、女性泌尿生殖系统畸形）以及产生免疫毒性效应。

据统计，全球高分子塑料年产量已超过1.4亿吨，而消耗量还在以年平均10%的速度增长。每年人类使用后遭到废弃的塑料大约为8 000万吨，而且还在以惊人的速度增长着。据调查，北京市的生活垃圾中3%为废弃塑料包装物，每年总量超过14万吨，而每年废弃在环境中的塑料袋超过23亿个，一次性塑料餐具有2.2亿个，数量极其惊人，对环境的影响异常严重。以上还仅限于废弃塑料的环境影响，而在塑料制品的使用过程中，还会直接对人体的健康产生危害。其实，邻苯二甲酸酯是一类化学物集成，可统称为增塑剂，包括邻苯二甲酸二异壬酯（DINO）、邻苯二甲酸二（2-乙基）己酯（DEHP）、邻苯二甲酸正辛酯（DNOP）、邻苯二甲酸异癸酯（DIDP）、邻苯二甲酸丁卞酯（BBP）、邻苯二甲酸二丁酯（DBP），统称邻苯二甲酸酯类（或邻苯二甲酸盐），是聚氯乙烯（PVC）塑料制品常用的增塑剂。在聚氯乙烯中加入增塑剂是为了改进塑料产品的柔软性、耐寒性，增进光稳定性等，不同用途的聚氯乙烯制品增塑剂的添加量不同。例如，食品包装用聚氯乙烯中邻苯二甲酸酯类的重量比在28%左右，玩具用的柔性塑料达到35%～40%。

很多研究表明，含有邻苯二甲酸酯类的聚氯乙烯遇上油脂或在1 000℃以上高温环境下，很容易释放，因而对人、生物和环境造成种种危害。聚氯乙烯含有的多种

无处不在的塑料

增塑剂，进入人体内与DNA结合会引起毒副作用，主要作用于人的神经、骨髓系统和肝脏，科学实验证实这是一种致癌物质。动物实验表明，动物每天摄入含一定量聚氯乙烯的食物可致肝、肾重量减轻，抑制繁殖能力，由此推知，它会对人体健康构成同样的影响和危害。

塑料生产成制品离不开增塑剂，而增塑剂对人体的危害已经被科学家所证明。虽然到目前为止，科学家还不能完全确定增塑剂类物质是如何进入人体的，但据推测，是通过食物进入人体的，其中水和空气可能也是主要途径，此外，也可能通过皮肤吸收而进入人体。据报道，科学家已经从深海鱼类体内发现增塑剂物质。这说明，一方面，人类食用鱼类会导致鱼体内蓄积的增塑剂物质转移至人体内，从而损害人体健康；另一方面，动物也没能够幸免，越来越多的动物正在成为增塑剂物质的受害者。

二、一张纸的故事

我们已经初步介绍了塑料制品对环境的影响。那么纸呢？纸作为中国人的伟大发明，也许真的会是一种完美的替代品。纸质品完全可以降解，并具有易于回收，废弃物可以作为工业再生二次纤维使用，进而减少环境污染的优点。于是，越来越多的产品包装开始用纸质材料。

但是纸质品原材料的一个重要来源是森林资源。大量的树木被砍伐用来造纸，致使日趋紧张的森林资源不堪重负，而森林是地球不可或缺的生态资源。科学家对一棵树的生态价值进行研究、估算得出结论：一棵50年树龄的树，产生氧气的价值约31 200美元；吸收有毒气体、防止大气污染价值约62 500美元；增加土壤肥力价值约31 200美元；涵养水源价值37 500美元；为鸟类及其他动物提供繁衍场所价值31 250美元；产生蛋白质价值2 500美元。除去花、果实和木材价值总计创值约196 000美元。一亩绿地一天能吸收二氧化碳900千克，生产600千克的氧气，可提供1 000个成年人一天所需的氧气，森林的生态价值一目了然。而一棵大树也就仅仅能够造出大约50千克的纸而已，这区区50千克纸的使用价值与树的生态价值形成了如此之大的反差，人类应该如何做出选择呢？

与此同时，科学家还指出纸制品中含有危害人体健康的有毒物质这一事实。研

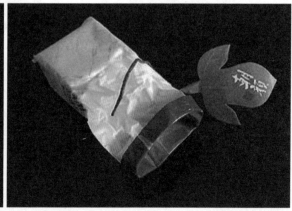

纸的故事

究发现，纸箱的有害成分主要在于油墨。印刷油墨由颜料、黏合剂、溶剂、辅助剂组成。其中有机溶剂和重金属元素对人体损害严重。油墨的颜料有两种，无机颜料和有机颜料，两者均不溶于水和其他介质，并具鲜明色泽及稳定性。但某些无机颜料含铅、铬、铜、汞等重金属元素，具有一定的毒性；部分有机颜料含合联苯胶，是一种致癌成分。有机溶剂可溶解许多天然树脂和合成树脂，是各种油墨的重要成分，但部分却会损害人体及皮下脂肪，长期接触会令皮肤干裂、粗糙，如果渗入皮肤或血管，会随血液危及人的血球及造血机能；被吸进气管、支气管、肺部或经血管、淋巴管传到其他器官，甚至可能引起肌体慢性中毒。部分油墨含有重金属离子，颜料和染料含致癌成分，对人体健康有很大害处。

复合包装材料在印刷中不可避免地会使用大量油墨、有机溶剂和黏合剂等，这些辅料跟食品虽无直接接触，但在食品包装和贮存过程中，某些有毒物质会迁移到食品里，危害人体健康。另外，印刷油墨中常使用乙醇、异丙醇、丁醇、丙醇、丁酮、醋酸乙酯、醋酸丁酯、甲苯、二甲苯等有机溶剂。这些溶剂，虽然通过干燥可除去绝大部分，但是残留的溶剂也会迁移到食品中危害人体。在凹印油墨中使用的溶剂一般有丁酮、二甲苯、甲苯、丁醇等。特别是丁酮，残留的气味很浓。由于油墨中的颜料颗粒很小，吸附力强，虽然在印刷时已加热干燥，但因时间短、速度快，往往干燥得不彻底，特别是上墨面积较大、墨层较厚的印刷品，其残留溶剂较多。这些残留溶剂被带到复合工序中，经复合后更难跑掉，会慢慢迁移渗透，因此这都会对人体健康造成潜在危害。制纸原料中有木浆、草浆、棉浆等，由于作物在种植过程中使用化肥和农药等，因此，在稻草、麦秆、甘蔗渣等制纸原料中，往往含有有毒有害物质。

即使科学家已为我们指出了部分金属、塑料、纸制品中隐藏的种种危害，但是，我们还是看到，人类社会今天的生活似乎对这些物质已经产生了难以割舍的依赖性，现代人标榜的舒适、美好生活的每一个环节中都可以多少找到这些物质的身影。没有了它们汽车可能就会成为一个钢铁的躯壳，离开它们我们可能就没有了座椅、门窗、橱柜、冰箱，而人类拥有了这些晶莹剔透、闪闪发光、五彩缤纷的物品，有毒物质的影响又会让人防不胜防，生态系统也变得脆弱和岌岌可危，而我们赖以生存的环境也遭到了无情的损伤和污染。此时，我们似乎又再一次陷入了两难的美丽陷阱之中。

三、空调病的原因

人类从未停止过创造宜居的环境温度的努力，调整空气温度的自动化机器——

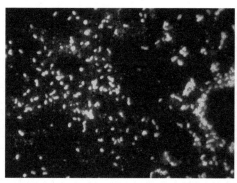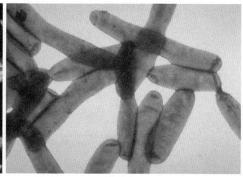

空调中隐形杀手——军团菌

空调机出现了。不可否认，空调会在炎热的夏季带来无限的清凉，但是，空调在运行的过程中，尤其是中央空调的长期运行中，风筒系统极易遭到污染。加上难以清理、清洁不及时等原因，使空调通风管道中存留了大量的尘土、沙砾、含碳物质、结晶体等。空调管道中沉积的大量灰尘、纤维等物理性污染物、可挥发性有机物、一氧化碳等化学性污染物可能成为载体，使细菌、病毒等大量繁殖，被生活在这样环境下的人们，通过呼吸道吸入体内，导致军团病、流行性感冒和过敏性肺炎等呼吸道传染病的传播和流行，表现的主要症状为头痛、发热、突发性咽喉痛、哮喘、皮炎和其他过敏性不良反应。更为严重的是，当建筑物内空气被流行性致病细菌感

空调的功与过

染，而空调又得不到及时有效的清洗消毒时，病菌就会通过中央空调"散步"到人们生活、工作的环境中，经呼吸道传播的疾病就此很容易传播开来。

据世界卫生组织统计，2000年世界各地因为中央空调造成的"军团菌病"暴发已有30多起，感染超过2 000人。广东省卫生研究所公布的数据显示，该所对广州市的医院、商场、地铁、宾馆等33处公共场所的中央空调进行检测，结果14家被检出军团菌阳性。人体感染上这种病菌后极易引起肺部恶性疾病，这种肺病治疗效果不佳，极容易导致死亡。2003年发生SARS期间，国家疾病控制中心明令禁止开启中央空调，就是这个原因。

四、被割断的动物王国

为了使各种的需求在全球范围内都能得到满足，人们开始构建星罗棋布的交通网络，发达的交通网络需要疏通河道、需要修建太多的公路与铁路。人们一直认为道路、桥梁对生态环境的影响好像也就局限于占用土地，消耗过多的自然资源，但是，研究发现，道路及其运行的整个过程中对环境的影响远远不止于此，很多不为人知的因素已在悄然打破生态系统的平衡，使生态环境发生惊人的变化，变化的结果也触目惊心。

公路是连接城市间、地区间的通道，不同区域的人们通过道路及交通工具使彼此之间的距离大大缩小，交流和交换成为现实。但是，对生物群落而言，尤其是对生活在地面上的动物来说，这却是一道难以逾越的屏障。高速公路对动物来说是一种分割与阻隔的鸿沟。公路人为地将自然生态环境切割成块，使动物的生活环境区域化，犹如海洋中的孤岛。这种分割与阻隔的后果就是，动物的活动范围日益变小，生物不能在更大范围内求偶与摄食，生长在区域内的生物变得脆弱不堪。这种隔离延续若干世代之后，生物多样性就会消失殆尽。

与此同时，公路的开通扩大了沿线地区的人流和物流活动，拓展了人类的活动范围。今天，以往许多难以前往的区域人类已经能够轻易涉足，这对自然环境和珍稀资源的保护构成巨大威胁。蜂拥而至的车流、人流不断惊扰与驱赶着各种生物，致使它们不得不迁徙或远遁到其他人迹罕至的区域。货物运输在路面上掉落或散失的货物，以及降落在路面的汽车尾气所含的各种微粒，汽车滴漏的燃油、机油和泄漏的有毒有害化学品，在降雨径流的挟带下排入河流、地下、农田中，从而造成环境质量的下降，影响整个区域生态系统中的所有生物，使自然环境和生态系统遭到破坏。

交通工程对生物和环境的影响

五、致命的氨气

虽然越来越多的人意识到了保护环境的重要性、治理环境污染的紧迫性，但人们往往更多关注室外环境的污染，而忽视室内环境。随着现代生活水平的提高，购置房屋、装饰居室已成为人们新的需求、消费热点，住宅建设的极度膨胀，使室内环境的污染已成为继煤烟污染和光化学烟雾污染之后的第三大污染源，其危害还在进一步蔓延。

对很多现代人来说，处于室内环境的时间远远多于在室外环境的时间，也许这是由很多现代生活、工作方式或文化习惯所决定的，因此，室内环境与人类的健康更加显得息息相关。在宁静而温馨的居室中，在现代化的商务楼写字间中，也许一些看不见、摸不着的污染物正悄悄地危害着人们的健康，吞噬着人们的生命。中国室内装饰协会环境检测中心透露，全国每年由室内空气污染引起的死亡人数已达11.1万人，每天平均为304人，恰好相当于全国每天因车祸死亡的人数。环境危机也悄然的降临在舒适方便的现代化建筑之中。

氨是无色气体，属于低毒类化合物。当环境空气中氨的质量浓度高于

室内环境

0.5～1.0mg/m³ 时，才有强烈的刺激臭味。在建筑施工中，为防止混凝土在冬季施工中被冻裂，人为在混凝土中添加膨胀剂和防冻剂等含有大量氨类物质的外加剂，这些外加剂随湿度、温度等环境因素的变化而被还原成氨气从墙体中缓慢释放出来，造成室内空气中氨浓度大量增加。另外，室内装饰材料，如家具涂饰添加剂和增白剂等大部分都含有氨。

氨是一种碱性物质，水溶性好，进入人体后可以吸收组织中的水分，对人体的上呼吸道产生刺激和腐蚀作用，减弱人体对疾病的抵抗力，进入肺泡后，易和血红蛋白结合，破坏运氧功能。短期内吸入大量的氨可出现流泪、咽痛、声音嘶哑、咳嗽、头晕和恶心等症状，严重者会出现肺水肿和呼吸窘迫综合征，同时发生呼吸道刺激症状。当空气中氨的质量浓度达到 1.5～2.5g/m³ 时，只要半个小时，人就会有致命危险。

六、洁净的人类

人类历史上曾经是那样的深受病毒、细菌的毒害，疟疾、天花、黑死病、麻风等让人类至今都谈虎色变、噤若寒蝉。在发明了疫苗与抗生素之后，人们还发现，原来食物上的病菌对人类的危害是如此巨大，身体的接触也成为人与人之间疾病感染的重要途径。同时，现代化学发现了在石油原料中分解出的新物质，这种物质能够帮助人们清洗掉身边包括食物在内物品上及其表面带有的对人体会产生威胁的有害病菌。于是，洗涤剂诞生了。

人类似乎洁净得过了头，食物需要清洁剂的清洗，衣物需要清洁剂清洗，车辆也需要清洁剂清洗才能保证其洁净如新，凡此种种，身边的所有物品似乎都需要清

种类繁多的洗洁剂和个人护理用品

洁剂才能保证洁净，就连电脑的屏幕都是如此。似乎所有的人，一方面对用过之后的清洁剂的去向漠不关心，另一方面对清洁剂是否会对人体产生危害也麻木不仁。

但是，清洁剂这种化学合成物质使用之后不会自动消失，而是通过水这个介质，进入地表水或地下水之中。一方面，清洁剂的残液进入环境之后，会对环境产生污染，改变水质，进而产生有毒水生物质如蓝藻等，人再食用有毒水源就会造成危害。另一方面，食物、日用品上残留的清洁剂成分，也会经食道或皮肤吸收等进入人体内，影响人体健康。由于人口的急剧增长，现代生活模式引领所有人都在不同程度地使用清洁物品，致使其对环境的影响及对人体健康的影响日益严重，已成覆水难收之势。

各种清洁剂中的化学物质都能导致人体发生过敏性反应，对人体免疫功能产生危害。有些化学物质侵入人体后会损害淋巴系统，引起人体抵抗力下降；使用清除跳蚤、白蚁、臭虫和蟑螂的药剂，会使人体患淋巴癌的风险增大；一些漂白剂、洗涤剂、清洁剂中所含的荧光剂、增白剂成分，侵入人体后，易在体内蓄积，大大削弱人体免疫力。

洗衣粉、洗涤剂、杀虫剂、洁厕灵等家庭用清洁化学品，其中的酸性物质能从人体皮肤组织中吸收水分，使蛋白质凝固，而碱性物质除吸收水分外，还能使组织蛋白病变并破坏细胞膜，这种损害比酸性物质更加危险。洗涤用品能除去皮肤表面的油性保护层，进而腐蚀皮肤。常使用洗涤剂还可以导致面部出现蝴蝶斑。

清洁剂对人体血液系统具有潜在的危害。清洁用品中的化学物质一旦进入血液循环，就会破坏红细胞的细胞膜，引起溶血现象。很多含天然生物精华的沐浴液，常含有防腐剂等化学物质，也是血液污染之源。用于防衣物虫蛀的卫生球，主要成分为煤焦油中分离出来的精萘。长期吸入卫生球的萘气，会造成机体慢性中毒，抑制骨髓造血功能，使人出现贫血、肝功能下降等现象。资料显示，家庭中放置杀虫剂的妇女，患白血病的风险比家中没有此类物品的高出两倍。

清洁剂会对人类的神经系统产生危害。一切空气清新剂中所含有的人工合成芳香物质能对神经系统造成慢性毒害，致人出现头晕、恶心、呕吐、食欲减退等症状。杀虫剂含除虫菊酯类毒性物质，用来杀灭苍蝇等飞虫的树脂大都用敌敌畏处理过，这些毒性物质能毒害神经，诱发癌症。不同的清洁剂混合使用，可能导致的后果更加严重。另外，清洁剂长期在人体内的积累还会对人的生殖系统产生危害。化学稀释剂、洗涤剂大都含有氯化物。人体内的氯化物过量，就会损害女性的生殖系统。

洗涤剂有良好的去污能力，自问世以来很受消费者欢迎。目前，洗涤剂特别是洗衣粉，其配方中大多含有17%左右的三聚磷酸盐，这种物质含磷量在4%左右，未经处理的生活洗涤废水最终排入湖泊、河流等地表水后会造成一定的磷负荷，使一些湖泊水域中出现"富营养化"现象。科学实验表明，1g磷进入水中，可使水体内生产蓝藻100g。蓝藻可以产生致癌毒素，还能耗尽水体内的氧使水生物窒息死亡。目前我国年生产洗衣粉超过200万吨，按平均15%的磷酸盐含量计算，如此数量的洗衣粉每年至少将有30万吨含磷化合物被排放到地表水中。目前我国湖泊几乎全部

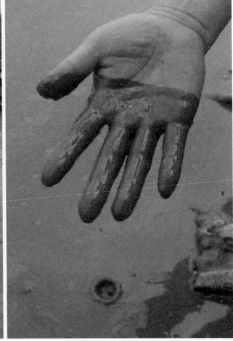

洗涤剂可以引起水体富营养化和"水华"

不同程度地存在富营养情况，全国85%的河段遭到污染，不仅湖泊、河段，包括东部沿海近海海域、滩涂、养殖区都不断发生由于磷污染造成的赤潮。含磷污水的排放，已对整个生态环境产生了巨大的威胁。

第二节　工程的隐性环境风险

一、退化的河流

　　人们为了更稳定地获得生产、生活用水，防治洪涝灾害，灌溉更辽阔的农田，供应城市、乡村生产、生活用电，航运、渔业收获及旅游等的需求，兴建了大量水利工程。随着1882年世界第一座水电站在美国威斯康星州的阿尔普顿建成，19世纪与20世纪之交，一些欧美国家如英国、意大利、挪威、美国开始了人类史上第一轮建坝高潮。闸坝等水利工程改变了现代人类的生活，洪水得到控制，大片的农田拥有了灌溉水源。大坝的修建使美国西部广阔地域成为美国的粮仓。得益于大坝修建而成的灌溉系统，印度于1974年实现了粮食的自给自足。不论城市还是乡村都获得了生产、生活用的电力，水上交通更为便利，但是这种工程带来伟大的发展的另一面，却是使河流水域生态系统的结构与功能发生巨大变化。科学家指出：这种影响需要也必须加以控制与调整，在生态学界将这种调整描述为生态补偿，如果不进行有效的生态补偿，也许河流生态系统会遭到彻底的破坏，进而形成河流生态系统的灾难。

　　闸坝可能对生态产生的不利影响大致可以归结为以下四个方面：

　　（1）引起河湖形态变化、河道淤积，导致潮汐变形、河口淤塞，这些都使河流的行蓄洪能力降低；

　　（2）导致水流流速趋缓，河道径流减少，水体自净能力降低，水体污染加剧；

　　（3）阻断鱼类洄游通道，导致鱼类资源减少，生物多样性退化；

　　（4）造成土地淹没、移民搬迁、土地次生盐碱化、崩岸塌岸等问题。

　　健康的河流生态系统应该是一个水体流畅、水环境质量良好、生态系统完整、人–水和谐的水生态系统。在水文方面：上、中、下游水体应保持连续性，同时河流所包含的各个子系统应该是相互连通的，各个子系统具有能够保证生态系统服务功能的适宜的水量，具有一定的流动性。生态学家指出，河流是一种开放的、连续的生态系统，这种连续性不单纯指河流在水文上的连续性，同时是指存在生物群落

河流生态系统

营养物质输出、输入转移的连续性，而这种连续性对于生态系统而言是至关重要的。营养物质以河流为载体，随着自然水文周期的丰枯变化以及洪水漫溢，进行交换、扩散、转化、积累和释放。沿河的水生与陆生动植物就此生存繁衍，形成了整个流域内多样而有序的生物群落。这些生物群落中有水路交错地带的植被，水中的各种鱼类、水禽、两栖动物等，它们与河流环境一道组成了独有的河流生态系统。

　　《大坝经济学》的作者麦卡利这样认为："流水在静止时所经历的化学、热力和物理变化会严重污染一个水库及下游的河流。一般来说，水质退化的程度与水库保持的时间相关——它的储水功能除以流入的水量……在主坝后面贮存了多个月甚至几年的水，对于水库和大坝以下几十千米远的河流里的生命来说就是致命的。"并且，"从主坝后面的水库深处释放出来的水在夏天通常比河水冷，在冬天又比河水更温。给天然的河水加温或冷却都会影响水中所含的被溶解的氧气以及悬浮固体的数量，而且会影响发生在水中的化学反应。季节温度的改变还会破坏水生物的生命周期。"

　　生物学家的研究表明，河水丰枯变化对与河流中的生物是一种特殊信号，河流中的生物会依据这一特殊信号进行繁殖、产卵和迁徙。这表明，河流还具有为生活在河流中的生物传递生命信息的功能，这就是生态学所描述的：河流是生态系统物质流动、能量输出输入、信息流动的载体。河流具有连续性，它的连续性不仅包括水文的连续性，还包括营养物质输出、输入的连续性，流域众生物群落间的连续性，以及上面所说的信息连续性。而在河流间修筑水库大坝，会将河流拦腰切断，减弱或消灭河流的连续性，从而改变河流的自然生态规律。

河流生态连续性的改变可能导致的结果就是鱼类的产卵条件发生变化，进而会影响鸟类、两栖动物和昆虫栖息条件的改变或避难所消失，造成物种的数量减少和某些物种的消亡。大坝的修建使水温降低，改变了鱼类的生活环境，如对习惯在温暖的水中生存和繁殖的鲑鱼以及雪鲦和叶唇鱼来说，水温的降低使得它们难以适应。同时，水坝阻断了大量珍稀鱼类和水生生物的生活走廊，导致它们灭绝。此外，水库还会导致滨河植被、河流中的植物生长面积减少。在水库蓄满水之后，水库水质将会因森林植被的淹没而发生变化。通常在水库蓄满水的第一年，被水淹没的森林、植被、废墟、坟墓和土壤的分解，需要大量地消耗水中的氧气。尤其是处在腐烂过程中的有机物质还要释放出大量沼气和二氧化碳气体，这些对水库水质不可避免带来损害。河流淡水生态系统因水坝的无序滥建而发生了退化，淡水生物多样性快速减少。在美国，39%的鱼类处于灭绝或濒于灭绝的边缘；在澳大利亚，33%的鱼类受到威胁；在欧洲，42%的物种受到威胁。导致淡水生物多样性减少的原因非常多，但是生物学家普遍认为水坝是所有造成河岸物种快速消失、淡水生态系统退化的最具毁灭性的原因。

另外，河床材料的硬质化，还会切断或减少地表水与地下水的有机联系通道。本来在沙土、砾石或黏土中辛勤工作的数目巨大的微生物再也找不到合适的生存环境，土壤被改变了，水生植物和湿生植物再也无法苗壮生长，进而使得植食两栖动物、鸟类及昆虫失去生存条件。最终，本来复杂的食物链在某些重要环节上断裂，

消失的河流精灵

生物群落多样性即将荡然无存。

生态退化的种种情况还远远没有结束，由于水库水深远大于河流水深，太阳光辐射作用随水深加大而减弱，在深水条件下，光合作用较为微弱，所以水库生态系统生产力较河流要低得多，物质循环和能量流动的能力也都不如河流生态系统。同时，水库的淡水生态系统是一个较封闭的系统，远没有河流生态系统的流动性强，这充分表明，水库的生态自我恢复能力相对比较薄弱。因此，可能产生的生态影响结果就是，生态退化的水库一般难以自我恢复，也很难恢复到河流的自然生态状况。水库形成以后，原来河流上、中、下游蜿蜒曲折的形态在库区消失了，主流、支流、河湾、沼泽、急流和浅滩等丰富多样的生境代之以较为单一的水库生境，生物群落多样性在不同程度上受到影响。另外，筑坝以后给洄游鱼类造成了不可逾越的障碍。如果没有建设适合鱼类习性的鱼道，将对某些洄游鱼类造成致命的打击。人类的水利工程会加速水生动物灭绝。人类活动对江豚的生活存在着严重的威胁。十几年前，鄱阳湖里的江豚有着这样的生活规律：早上从湖里出发，畅游30～50千米后进入长江干流，当夜幕降临的时候，它们又回到湖中栖息。现在这种规律早没有了。所有的不良影响都指向最终的关键因素——水利工程。

水力发电为当今的社会生活带来巨大的能源，同时这种能源不同于石油、煤炭等能源，是一种可再生的能源。虽然它符合循环经济的特点，但是也会带来很多不良的环境影响。水利工程在修建大坝时需要占用大量的土地，三峡水力发电站的建设就导致1 000多平方千米的土地被淹没。虽然三峡水力发电站的长远规划相当于10座核电站，但是我们还是不能忽视工程造成的潜在环境影响。水力发电站会对自然环境产生潜在的影响。科学家证实，大坝的建成会淹没流域内的许多湿地，会促使水质恶化，甚至会发生同水质有关的疾病，水库水温升高会减少水体含氧量，减少水生生物种类，并造成能够分泌神经毒素的单细胞藻类——蓝藻迅速繁殖。在发展中国家，水坝建设往往会引发同水质有关的疾病，例如血吸虫病、疟疾、盘尾丝虫病等。另外，水坝会拦截水流中的泥沙，造成下游冲积土缺失，下游三角洲地区侵蚀日趋严重，有些地方每年甚至会因侵蚀而后退数十米。洪水泛滥所带来的淤泥也因为大坝建成而减少。这还会造成农业生产中肥料使用量的增加。世界各地大部分三角洲都受到这些问题的困扰。

二、频发的地震

大坝工程与地质环境之间相互作用，且相互制约。在兴建大坝之前，必须研究它能否适应所处的地质环境，而在兴建之后，必须分析它将会如何作用于地质环

水利工程

境，又会引起哪些变化。大量的工程实例研究表明，大坝工程与地质环境之间的相互作用主要是通过水这个载体的作用才得以长久而持续地进行。也正是由于水的作用在很大程度上使坝址地质的工程特性发生依时性变化，并使一定条件下不良地质现象的孕育乃至进一步发展成为可能。

印度乔纳水库简直已经成了一个经典案例，科学家称它所触发的地震是人类活动触发地震中最强烈，造成伤亡最多的。自从1962年建成以来，它所在的地区就不断地经受着震撼。至今在那里已经发生了170次4级以上的地震，其中有19次震级都超过了5级。其中，1967年12月10日发生的一次强烈的地震使177人丧命，2 300人受伤，并造成了广泛的破坏。

所有的地震都是由于地壳结构内的应力变化所产生的。而乔纳水库工程的垂直下方存在着已经岌岌可危的断层，这样的断层可能会受到来自大坝蓄水库的干扰。一方面，积蓄在水库中巨大的水量对地面施加压力，由此增加了下方断层受到的垂直应力；另一方面，积水缓慢渗透到库底下方的断裂面，增加了断裂面的润滑度，为断层的滑动提供了更方便的条件。这就能够解释水库区域为什么频繁地发生地震了，原来人类是这一现象的始作俑者。

2004年12月的印度洋海啸以及美国卡特里娜飓风，同为人类历史上最严重的灾难。科学家指出，除了气候异常的特殊原因外，人类不合理开发海岸，致使海岸侵蚀严重、生态系统退化，是卡特里娜飓风的灾难性后果的真正元凶。

历史上水利工程可能引发地震的事例已经很多，最早可以追溯到20世纪30年代的美国，当时人们建造了巨大的胡佛水坝和坝后的米德湖水库，当地居民在这个历史上没有地震的地区经历了数百次大小不等的地震。

三、对地球的开采

60亿吨煤，16亿吨铁矿石，1.9亿吨铝矿石……每年人类都要从我们生活的星球的地下开采如此之多的矿物质作为生产的原材料。环境地质学家指出，如此大规模地采掘会打破地球地壳的受力平衡，从而导致一些地区出现强烈的地震活动。从20世纪初开始，人们就在德国的煤矿和南非的金矿观察到这类现象。如今这种现象已在世界各地普遍出现。地

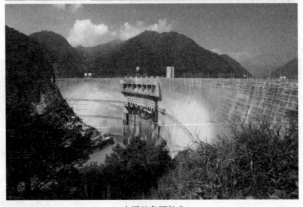

水坝的负面效应

球物理学家根据这些地震发生的深度将他们分成两种情况，第一种主要涉及较深的矿井，是采矿时留下的空洞破坏了局部岩层所受应力的平衡造成的。同时，这些矿道周围或上下受到的应力也超过了岩层的抵抗力，这时矿道就会发生坍塌，而坍塌

会产生地震波，这类干扰还可能激发距离矿区几十米或上百米的地下断层，这种类型的地震活动在深达近4千米的南非金矿中尤为常见。在南非，每年发生的1 000余次2级以上地震中，有900多次都是由采矿直接造成的。科学家指出，通常这类地震不会超过5级，某些特例除外，例如1989年在德国的弗尔克斯豪森，一座钾肥矿道中的3 200根支撑柱倒塌，就引发了一场震级达5.4级的地震。

还有一种情况，矿区和水库一样，能够对地层深处处于断裂临界点的断层产生影响，地表附近由于开采的原因逐渐减轻了巨大质量，会减少深层断层所受的垂直应力，并促使其发生滑动。科学家指出，1989年发生在澳大利亚纽卡斯尔的造成13人死亡和35亿美元损失的5.6级地震的责任就在于当地的煤矿开采。根据物理学家的计算，1801—1989年间，纽卡斯尔采掘了5亿吨煤，并为此抽取了30亿吨水，对地下10千米深处的应力造成了改变。这种改变对于地壳的运动来说可能微不足道，但却足以加速断层的断裂。在世界范围内统计，已知全球有20余座矿与一系列5级以上的地震相关。科学家指出，采矿导致的地震的数量在20世纪大幅增加，这可能是现代矿产量和采掘深度增加所造成的，对于环境深层次的影响，人类现在的了解也许还很肤浅，而以人类未来对矿物的需求来预测，这种情况还远远未到终结之日。

石油钻探同样被指责为诱发地震的元凶，美国得克萨斯州的古斯克里克油田，是世界上第一个受到同样指责的油田。如今，全球有10多处油气田受到了同样的指责。因为，储存油气的岩层就像是海绵，当人们将其孔中容纳的油气水抽走时，它就会发生收缩，而它周遭的地层就得对这种体积的改变作出反应。当此类矿层位于浅表层时，地表尤其是当地的建筑物，能够渐次缓慢下陷作出反应，而不至于引起

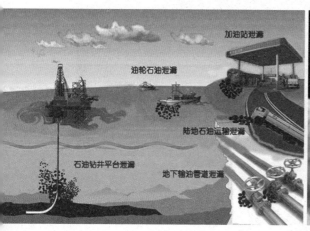

石油工程

震动。然而当此类矿层超过一定深度，地表就难以及时作出反应，而最终沿着既有的断层发生突然的崩塌，触发地震。法国比利牛斯山至大西洋之间的拉克地区就属于这种情况。荷兰北部格罗宁天然气田的开采就打破了那片历史上从未有过地震的区域的宁静，1986—2008年间，气田附近发生了500余次震级从0.5～3.5级不等的地震。

根据统计分析，这类钻探诱发的地震强度最高可达3.9级。但也有科学家指出，这种说法显然是折中的。因为，在1983年美国加利福尼亚州克灵加石油矿层下就发生了6.5级的地震。而在乌兹别克斯坦广阔的加兹利油田之下，1976—1984年间，先后发生了3次强度超过7级的地震。当然，加兹利油田地震是否是由石油钻探这一种原因引发的，由于震级之强，影响范围之广，震源之深等因素，在科学界仍然存在争议。

但是，石油钻探能够引发地震是确凿无疑的。除此之外，人类的这一工程还可能造成泥石流喷发，例如2006年泥石流喷发便一直在印度尼西亚的爪哇岛上肆虐，每天都从地下喷出超过15万立方米的淤泥，将近4万人因此流离失所，而至今，这种情况尚无好转。

人类通过向大气排放某些物质而改变了大气的微妙平衡，从而对全球气候形成了干扰，这点已经得到科学的证明。我们同样应该意识到人类也可能惹恼我们这颗易怒的岩石星球。而由于人类出于对原材料及能源与日俱增的需求而展开的对宏大工程的追逐，这种种干扰正在日益显著。我们修建的水库越来越巨大，对地球的挖掘也正在越来越深入……南非的金矿已经开采到地下3.9千米深处，而俄罗斯的油田钻井也已经深入到地壳11千米。石油泄漏和钻井平台事故更增加了海洋环境风险，近年来灾害频繁发生。

四、基因工程——天使还是魔鬼

为了获得更多的粮食，为了在粮食生长过程中抑制虫害与杂草，科学家再次挥起科学的利剑，生物科技中的转基因手段应运而生。转基因就是运用科学手段从某种生物中提取所需要的基因，将其转入另一种生物中，使其与另一种生物的基因重组，从而产生特定的具有变异遗传性状的物种，或者利用转基因技术改变动植物性状，培育出新的品种。

这种技术为人类战胜自然界种种不利于农业生产的因素打开了崭新的方向和思路。但是，转基因技术的安全性及对环境影响的不确定性引起了科学界的普遍担忧，受到了来自民间和科学界的广泛质疑和反对。反生物技术人士给这项技术起了

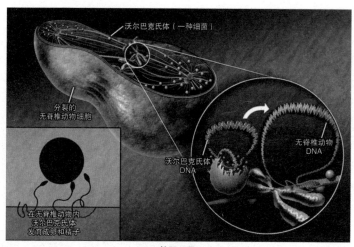

基因工程

基因工程图中标注：沃尔巴克氏体（一种细菌）；分裂的无脊椎动物细胞；在无脊椎动物内沃尔巴克氏体发育成卵和精子；沃尔巴克氏体DNA；无脊椎动物DNA

一个新名字，称为"终结者"。

虽然如此，然而，转基因带来的利好的确非常诱人。以棉花作物为例，据统计，1998年，美国种植的转基因棉花使对作物虫害防治的次数总计减少了5 300万次。由于减少了虫害对庄稼的损失，使产量增加了1 900多万千克。虽然研究显示还可能存在虫害严重程度的波动以及杀虫剂使用量的不同等因素，但转基因带来的作物产量的增加却是非常明显的。

转基因作物的繁荣真的会威胁野生物种的生存吗？它们会对传统的农业产业和生物产业造成不可逆转的侵袭吗？转基因作物引起了许多人的忧虑，生态方面的、健康方面的、经济方面的、伦理方面的，凡此种种。这些忧虑是杞人忧天，还是合情合理？有一件事是肯定的：人们将目光投向了科学，期望它能进一步搞清楚转基因作物造成的风险，但科学目前却未能解答所有的问题。不过，科学也给出了一些答案。

首先，转基因作物的种子和花粉的传播情况是多样的，而且是不可避免的。科学还证实，被人工植入某种植物中的基因在某些条件下可能在另一种植物的基因组中稳定下来。这说明，转基因作物的花粉向其他作物转移不可避免，而一旦其他植物得到并接受了转基因植物的花粉，就会极有可能获得转基因植物的基因并在新植物体内稳定下来，从而催生、扩散出新的植物品种。也许人类会创造其他条件或手段对这种侵略性加以控制，但是现在还不能实现。那么极有可能产生的后果就是，植物生态系统的非转基因植物就此会被转基因植物迅速感染并扩散开来。而以植物为食的动物以及以这些动物为食的其他动物，甚至整个生物链条是不是都会受到这种转移和扩散的影响呢？科学家现在并没有给出明确的答案。

虽然，传粉昆虫和反刍动物乃至农业生态系统整体的平衡会面临什么样的危险，科学研究目前倾向于作出这样的结论，转基因作物带来的危险并不比传统农业耕作方式，例如大量使用农药、单一化种植等更大。但是，单一化种植和过量的使用农药正是目前让人类感到无奈和困惑、亟待改变的问题之所在。那么，如果单从与过量使用化肥及单一种植的弊端相比较，转基因又有什么可取之处？这再一次让我们陷入了困惑之中。

人们现在担忧的是，我们确实还无法控制转基因植物对其他植物产生的威胁，因为通过花粉传播到其他植物上而形成杂交植物已被证实是完全可能的，同时，杂交的新植物中完全有可能实现基因的转移。

另一方面，通过生物技术，科学家可以把某个基因从生物中分离出来，然后植入另一种生物体内。例如，北极鱼体内的某个基因有防冻作用，科学家将它抽出，植入西红柿里，于是就制造出新品种的耐寒西红柿。这就创造出了转基因食品。这种食品完全安全吗？科学界至今并没有一个完整的答案。

但是，令人担忧的实验却层出不穷。英国伦敦国王学院医学院医学与分子遗传学系迈克尔·安东尼博士的专业论文《转基因作物——只是“科学”——研究证明其局限性、风险和替代物》中指出，实验表明，被喂食转基因大豆的小鼠，其肝脏、胰腺、睾丸功能受到扰乱；被喂食转基因西红柿的大鼠产生了胃溃疡；超过四

转基因棉花

代被喂食可产生抗虫成分转基因玉米的小鼠，显示出在各器官（肝、脾、胰腺）中异常结构变化的增加，重大变化在于其内脏中基因功能的模式，反映了这个器官系统的化学反应的紊乱（例如，在胆固醇制造，蛋白质制造和降解），以及最重要的，生育率下降。这些实验也许并不能完全科学和严谨地证明转基因是有害的，也许实验的时间、周期、条件都还不完善，也许还有很多科学实验表明转基因是安全的，但是转基因的安全性并没有得到科学的证明却是事实。科学家指出，既然无法从科学上证明转基因不会对人体造成伤害，至少就应该建立预防措施，这应该是国际上的惯例。

转基因技术为人们展示了一种未来科技的光明景象之余，也为人类敲响了警钟，也许转基因正是一个上帝所造的潘多拉魔盒。

第三节　工程的效益与环境代价

一、航天工程与"天外来客"

在人类文明与知识不断翻新的今天，也许最能体现科学技术迅速发展的就是航天工程了。自从莱特兄弟创造了飞行器后短短百年时间里，现代科技已将人类的触角伸向了太空之中，人类实现了飞向太空的伟大梦想，人造卫星已在地球蔚蓝的天空之上，登上月球之后，人类的飞船又飞向火星……从此也为人类利用太空中的各种资源、探索太空的奥秘打开了一扇扇大门。如今，一颗在赤道上空定点的地球同步卫星就可以覆盖地球表面40%多的区域，数颗同步通信卫星和卫星地面站即可组成全球卫星通信系统。据统计，目前全世界有近800颗同步卫星，这些卫星为200多个国家和地区提供了80%的国际通信业务。人造地球卫星在远距离通信、数据网络、电视信号传播、气候变化数据采集、电子邮件、政府行政管理、应急救灾、远程医疗、航海通信、个人移动电话通信等各种领域都得到了广泛的应用。与此同时，在太空无重力状态中能够培育出更加优质的粮食作物种子，为农业带来前所未有的进步。就这样，人类文明的卫星时代来临了。

但是，蔚蓝的天空之上却不仅仅是这约800颗同步卫星在围绕地球运转。美国国家航空航天局报告显示，在地面能够观测到并已登记在册的，于地球轨道上运行的人造物体共有18 600多个，其中主要是火箭发射后的残骸和失灵报废的卫星，其中还包括业已废弃的核动力卫星。据统计，目前有3 000多吨类似的太空垃圾在天空中环绕着我们飞奔，由于全球各国仍在不断地发射各种物体到太空之中，因此太空中一直不断持续着爆炸和碰撞，而且还在不断增加，天空中的各种残骸、碎片数量也随之不断增加。有科学家预测，这种增加的速度每年在2%～5%。

在地球上空飞奔的这些物体，航天科学家将之称为"轨道碎片"，而人们通常叫它太空垃圾。专家预测：类似现役卫星与报废卫星相撞的事件显然是不可避免的现象。同时，至今人类似乎还未找出行之有效的解决方法和途径避免此类事件的发生。而自1957年苏联将第一颗人造卫星送上天至今的50多年间，人类已向天空发射了5 000多颗各种各样的航天器。欧洲航天局控制中心发布的报告显示，地球上空已经成为轨道碎片的垃圾场，这些碎片包括：废弃的航天器、报废的卫星、火箭外包装、螺母和螺栓、人类不慎丢失的工具、大块冰冻的火箭燃料、载人飞船上宇航员的排泄物等，最可怕的是其中部分垃圾是带有放射性的核废物。

尽管从空间分布来看，在中低轨道运行的航天器以及碎片密度并不高，碰撞发生的概率相对较低，但是低轨道飞行物的速度却非常快，而破坏力是与速度的平方成正比的。在太空中，一个仅10克重的碎片的太空撞击能量，相当于时速100千米飞速行驶的汽车的撞击力。在太空中，一颗迎面而来的直径为0.5毫米的金属微粒，足以戳穿密封的飞行服。人们肉眼无法辨别的尘埃（如油漆细屑、涂料粉末）也能使宇航员殒命。一块仅有阿司匹林药片大的碎片就足以将人造卫星撞坏，从而将造价上亿美元的航天器变成废物。

人类在太空中发生的相撞事故和灾难早已不再是新闻了。1983年6月，美国航天飞机"挑战者"号与一块直径0.008英寸（约0.02厘米）的涂料剥离物相撞，这块

碎片虽然小得连人类的肉眼都无法看到，但还是导致了航天飞机舷窗被损坏，只好停止飞行。1991年9月15日，美国发射的"发现者号"航天飞机差一点与苏联的火箭残骸相撞。当时"发现者号"与这个"不速之客"仅仅相距2.74千米，幸亏地球上的指挥系统及时发来警告信号，它才免于丧生。据计算，目前太空轨道上每个飞行物发生灾难性碰撞事件的概率为3.7%，发生非灾难性撞击事件的可能性为20%。以此计算，今后每5～10年可能发生一次太空垃圾与航天器相撞事件，到2020年将达到2年一次。

太空垃圾不仅给航天事业带来了巨大隐患，而且还污染了宇宙空间，给人类带来灾难，尤其是核动力发动机脱落，会造成放射性污染。目前，美国和苏联在空间的核反应堆中有1吨的铀-235及其他核分离物。1967—1982年间，苏联共发射24颗核动力卫星，这种卫星可以全天候、全天时工作，因卫星雷达的功率非常大，需要几千瓦电力。按当时的技术水平，太阳电池帆板达不到所需电力的要求，因此，只能选择使用小型核反应堆供应电力。但是，这种卫星在20世纪七八十年代多次发生坠毁事件，从而引发了全球范围的核恐慌。1978年1月24日，苏联的核动力源卫星"宇宙-954"的大量放射性残骸坠入加拿大境内斯克拉芬海。1983年，又一个核动力源卫星"宇宙1402"号的反应堆芯坠落南大西洋。

类似事故的发生，激起了公众的强烈抗议，迫于世界舆论的压力，苏美已经停止了研制和发射核动力卫星。但是，过去发射的一些核动力卫星，虽然其中绝大部分都早已无法正常工作，但仍在轨道中飞行，若被太空垃圾碎片击中、撞碎，将产生大量放射性碎片，极可能带来灾难性的后果。

2007年3月28日，澳大利亚偏远北部地区的一名农场主在自家农场里发现一个扭曲的金属巨球。这位名叫詹姆斯·斯特顿的农民相信，这个巨球可能是用于发射通信卫星的火箭制造的太空垃圾。

据中国网巴西媒体2008年3月25日消息，巴西中部戈亚斯州的目击者称，有一个直径约1米的不明飞行物坠落在当地一个农场上，坠落地点距离最近的民房150米。首先发现这一不明飞行物的是农场主谢巴斯蒂安·马克斯。马克斯称，他看到火光赶到现场时，发现坠落的不明飞行物已经变形，当时外层还很热。坠落事件发生后，立即引起了当地居民关注。巴西太空研究所（INPE）研究人员则称，坠落的不明飞行物不过是一块从人造卫星上掉下来的零件，即所谓的"太空垃圾"。

航天工程是人类智慧的结晶，是各种最先进的科学技术融合的综合体。虽然人类今天对太空的探索也只是刚刚开始，但是随着科学家对反物质的捕获，强子对撞的实现，人类必将对太空了解得更多也会收获更多 。但是我们应该清醒地认识到，

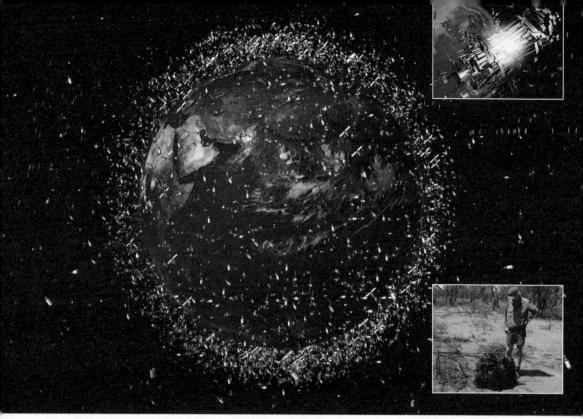

太空碎片——航天垃圾

如同地面环境一样，地球外近地空间千万不要走"先污染后治理"的老路。我们不希望地球的太空上布满垃圾和碎片，也不希望正在家中用餐的人们突然被从天而降的太空垃圾砸个正着，我们更不希望几十颗隐形的带有放射性的核垃圾每天都在地球的天空中飞奔旋转。同人类的其他追求更美好生活的工程一样，航天工程的这种隐性危险真的很值得我们警醒，以避免毁灭性灾难的发生。

二、隐形的电磁

人类社会的发展已经进入了信息时代，人类也早已进入令人眼花缭乱的电子世界。在今天，不论是知识的传播或学习，农工商业产品的流通与循环，抑或是社会的管理及运转都已经离不开流动和传输着的信息。与此同时，电子产品也完全充斥了我们的生活，人们早已经不必用复写纸去誊写表格与数据，这样的工作现在也仅需要轻轻地按一下复印机的按钮就可以完成了；人们可能不用煤或煤气的火焰来加工食物，使用微波或电磁就可以简单地完成这一过程；人们已经做到在全球范围内移动通信或数据、信号的长距离无线传输，等等。移动电话、卫星电视、卫星定位等都在当今的社会中成为简单的现实。今天，人类的文明已经完全跨入了电子和信息的时代。

然而，正如美国科学家卡尔·萨根所说："我们生活在高度依赖科学和技术的社会里。但在这个社会里，几乎没有人真正了解科学和技术。"今天也许没有太多的人会了解在信息传输和电子产品的使用过程中，我们所处的环境会受到什么样的影响，也很少有人真正了解人类的生活可能正处在电磁辐射的包围之中。

在自然界中，带静电荷的粒子被加速时，会产生空间移送的电能量和磁能量，它们所发出的辐射被称为电磁辐射，又称为电磁波。在电磁波里，电场和磁场相互感应，不需要介质就能以光速穿过真空。例如，正在发射信号的射频天线所发出的移动电荷就会产生电磁能量。科学家指出，电磁对人类健康的不良影响完全可以定性，目前只是不能定量而已。早在1975年，就有专家预言，随着城市经济发展和人口增长，电子、通信、计算机、汽车与电气设备大量进入人们的生活，现代人将不可避免地面对无处不在的电磁辐射，城市环境中人为的电磁能量每年将以7%～14%的幅度增长。

科学研究发现：当人体受到电磁辐射时，体内分子会随着电磁场的转换快速运动，从而促使人体升温，这种现象被称为电磁辐射的热效应。热效应会引起中枢神经和植物神经系统的功能障碍，主要表现为头晕、失眠、健忘等亚健康表现。另外，人体吸收辐射即使不足以引起体温升高，但也可能引起生理反应，从而出现头晕、疲乏无力、记忆力衰退、食欲减退等临床症状。

近年来，国内外媒体对电磁辐射有害的报道一直未断。意大利每年有400多名儿童患白血病。专家认为病因是受到严重的电磁污染；美国一癌症医疗基金会对一些遭电磁辐射损伤的病人抽样化验，结果表明在高压线附近工作的人，其癌细胞生长速度比一般人快24倍。我国每年出生的2 000万儿童中，有35万为缺陷儿，其中25万为智力残缺。有专家认为，电磁辐射是影响因素之一。

湖南省劳动卫生职业病防治研究所最近完成的一项研究，目的是探讨微波辐射污染现状。他们对从事微波作业的相关技术人员和不接触微波的办公室工作人员进行了群体健康检查，同时对作业环境进行监测。研究结果表明，微波接触组中失眠、心悸、脱发的检出率分别为12.16%、9.46%、18.92%，明显高于对照组。微波作业人员的视力下降发生率也较高（35.13%）——这可能与微波的致热效应有关。而他们的心电图异常检出率也达到了37.84%，对照组仅为16.13%，两组有显著性差异——这种改变可能与微波辐射影响心脏植物神经系统功能，使心脏传导功能紊乱有关。

上海第二医科大学的郭九吉等专家对微电磁波作业人员的健康状况作了两年半

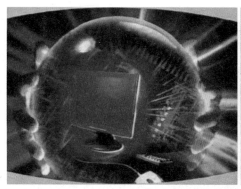

电磁污染

时间的动态观察，结果表明：在微波场强为$50 \sim 100\,\mu W/cm^2$（微瓦每平方厘米，这个数字高于国家标准$40\,\mu W/cm^2$）环境里的作业人员，神经衰弱综合征、脑电图、心电图、心功能、脑血流图、脑血管紧张度、白细胞等健康因素都有明显改变。

另外，科学家指出，由于人眼组织富含水分，易吸收电磁辐射，而且血流量少，在电磁辐射下温度容易升高，所以如果强电磁波长期照射眼睛，人眼将由于温度升高导致晶状体蛋白质凝固，从而形成"微波白内障"。

发射塔的辐射对人体伤害极大。关于电磁辐射对人体危害的研究，国内外多数专家有着共识。他们认为，移动基站电磁辐射对人体有潜在的危险，主要有以下方面：是造成儿童白血病的原因之一；能诱发癌症并加速人体的癌细胞增殖；影响人的生殖系统；导致儿童智力残缺；影响人的心血管系统；对人们的视觉系统有不良影响；会影响及破坏人体原有的生物电流和生物磁场，使人体内原有的电磁场发生异常。而不同的人或同一个人在不同年龄段对电磁辐射的承受能力是不一样的，老人、儿童、孕妇是对电磁辐射敏感的人群。

经常处于电磁辐射的环境下，久而久之对人体健康的危害会很严重，除了引发头晕头疼，增加患白血病、脑瘤等疾病的可能性外，长期还可能影响下一代的体质，如产生畸形儿等，因此必须引起有关部门的重视。因为儿童的神经系统正处于发育阶段，颅骨也比成年人薄，对辐射缺乏防御能力。

我们身边的辐射来源：

家用电器：电视、电冰箱、空调、微波炉、吸尘器等。

办公设备：手机、电脑、复印机、电子仪器、医疗设备等。

家庭装饰：大理石、复合地板、墙壁纸、涂料等。

周边环境：高压线、变电站、电视（广播）信号发射塔等。

家用电器辐射指数

	辐射评价	参考值1/μT	参考值2/μT
CRT电视	★★☆☆☆	0.30	0.12
液晶电视	★☆☆☆☆	0.10	0.1
CRT显示器	★★☆☆☆	0.18	未测
液晶显示器	★☆☆☆☆	0.11	0.12
电脑主机	★★★☆☆	0.30	0.37
无线鼠标	★★★★☆	0.53	0.53
冰箱	★☆☆☆☆	0.13	未测
音箱低音炮	★★★★☆	0.53	0.60
电磁炉	★★★★★	1.00	未测

自然环境：太阳黑子等。

电器辐射指数实行五分制，凡是被评为五星的，都属于严重超标，可要引起您重视了；三星以上也属于超标范围，也要引起您的注意；一星的，是安全的，您可以放心使用。

电磁辐射分两个级别，其中工频段的单位是 μT，如果辐射在 $0.4\,\mu T$ 以上属于较强辐射，对人体有一定危害，长期接触易患白血病。如果辐射在 $0.4\,\mu T$ 以下，相对安全。而射频电磁波的单位是 $\mu W/cm^2$。

电磁辐射带来的五大危害：

● 是心血管病、糖尿病、癌突变的主要诱因；

● 对人体生殖系统、神经系统、免疫系统造成伤害；

● 是孕妇流产、不育、畸胎等病变的诱发因素；

● 直接影响儿童的发育，导致视力下降、视网膜脱落、肝脏造血功能下降；

● 可使生理功能下降，引起女性内分泌紊乱，月经失调等。

第四节　环境工程的真假"绿色"

一、绿色的背面

人类已经认识到环境的变化，认识到环境变化对生活的影响，于是，人们试图通过另一种工程来努力改变被人类污染的环境，或寻找解决环境问题的途径，这就是环境保护工程。但是即使涌现各种绿色环境保护工程，人们也并不能安枕无忧，这是因为，许多绿色的环境保护工程本身，又成为新的污染源头。绿色工程并不太绿。

垃圾如何安全、妥善地进行处理一直在困扰着科学家、工程师、管理者。以中国广州市为例。广州是中国第三大城市，常住人口总数超过1 000万人，据广州市环保局的数据表明，2008年中国广州市生活垃圾达到日产9 776吨，预计2015年每天生活垃圾产量将达2万吨以上。目前，对垃圾的处理有三种选择，即焚烧、生化处理、填埋，而填埋是一种相对比较经济的垃圾处理方式和途径。

因此，广州市建立了废弃物安全处置中心。这是一项环境保护工程，无疑，它会有助于将广州市的危险废物量进行有效的削减和处置，对广州市的城市环境有明显的改善作用。但是，垃圾填埋后对环境造成的污染是多方面的。监测结果表明：目前全国尚无一家城市生活垃圾填埋场所排放的污染物全部指标均达到国家标准。这些污染物如不加以处理即排放，极易对周边环境造成影响，其中最主要的影响是对水、大气和土壤的污染。

1. 水污染

垃圾填埋对水产生的污染主要来自于垃圾渗滤液。这是垃圾在堆放和填埋过程

绿色工程的环境风险

中由于发酵、雨水淋刷和地表水、地下水浸泡而渗滤出来的污水。渗滤液成分复杂，其中含有难以生物降解的奈、菲等芳香族化合物，氯代芳香族化合物，磷酸酯、邻苯二甲酸酯、酚类和苯胺类化合物等。渗滤液对地表水的影响会长期存在，即使填埋场封闭后一段时期内仍有影响。渗滤液对地下水也会造成严重污染，主要表现在使地下水水质混浊，有臭味，COD（化学需氧量）、三氮含量高，油、酚污染严重，大肠菌群超标等。地下和地表水体的污染，必将会对周边地区的环境、经济发展和人民群众生活造成十分严重的影响。

2. 大气污染

卫生填埋场中的生活垃圾含有大量有机物，这些有机物被微生物厌氧消化、降解，会产生大量的垃圾填埋气。填埋气主要成分为CH_4、CO_2以及其他一些微量成分，如N_2、H_2S、H_2和挥发性有机物等，其中CH_4的含量达到40%～60%。CH_4和CO_2是主要的温室气体，CH_4对臭氧的破坏是CO_2的40倍，产生的温室效应比CO_2高20倍以上，CH_4和CO_2产生的温室效应会使全球气候变暖。甲烷易燃易爆，当其与空气混合比达到5%～15%时，极易引发爆炸和火灾事故。填埋气的恶臭气味会引起人的不适，其中含有多种致癌、致畸的有机挥发物。这些气体如不采取适当措施加以回收处理，而直接向场外排放，会对周围环境和人员造成伤害。

3. 土壤污染

城市生活垃圾中含有大量的玻璃、电池、塑料制品，它们直接进入土壤，会对土壤环境和农作物生长构成严重威胁，其中废电池污染最为严重。资料表明，一节一号电池可以使一平方米的土地失去使用价值，废旧电池中含有的镉、锰、汞等重金属，进入土壤和地下水源，最终会对人体健康造成严重危害。目前我国每年电池消费量为140亿只，几乎全部进入土壤之中。大量不可降解的塑料袋和塑料餐盒被埋入地下，百年之后也难以降解，使垃圾填埋场占用后的土地几乎全部成为废地。因此，许多城市在填埋场选址时遇到很大阻力，郊区农民拒收垃圾，以及反对在当地建填埋场的事件屡见不鲜。而在我国许多大城市及人口稠密的东南沿海城市，填埋场的建设也存在无地可用的问题。

二、绿色能源的灰色档案

石油作为今天人类赖以生存的能源，让人类倍感焦虑，因为石油是一种不可再生的能源。同时，石油能源的使用又很难避免向天空排放诸多的温室气体，而全球气候变暖的趋势又使人类倍感压力。既然如此，人类很自然地想到了可再生能源，而地球上的风能、太阳能与地热等可再生能源又是如此的丰富，人类似乎已看到了明亮的曙光，解决之道似乎就在眼前。但是，且慢！被称为绿色能源的可再生能源其实不像想象那么"绿"，也许其能源效率太低，根本就不能满足未来世界的能源需求，同时，绿色可再生能源还存在着不为人知的黑色一面。

据科学家预测，20年后，"绿色"可再生能源将占人类能源使用总量的1/3。有关未来能源使用情况的预测虽然很多，但所有的预测似乎在可再生能源方面基本达成了一致。多数科学家都认为可再生能源将在未来能源构成中占到1/3的比重，现在就让我们来关注一下以保守著称的国际能源总署所提供的"绿色能源"预测报告与绿色和平组织所提出的"革新能源"预测报告。国际能源总署预计，2030年可再生能源生产可达到约10万皮焦耳（$1PJ=10^{15}$焦耳），而绿色和平组织的预测是可达到12.2万皮焦耳。两者相差不多。即使是最乐观的预测，2030年化石燃料仍将占到能源构成的2/3。

我们先不管这些数字是否就表明这已经是绿色能源生产量的极限，但是可以肯定的是，不论人类对可再生能源给予了多么大的厚望，20年的时间里可再生能源都将不会改变全球能源的结构，都不会成为人类生产生活的能源主力。

虽然从长远来看，可再生能源代表了人类的未来，是取代日益枯竭的石油燃料、避免全球气候变暖危机的有效途径，但是，也许人们尚不了解绿色能源的另一面。事实却是，每一座风力发电机都需要水泥厂和钢铁厂为其提供水泥和钢铁，而水泥与钢铁的生产排放的污染物质数量却是惊人的。同样如此，在每一座太阳能发电站背后，都不难发现有毒物质硅的身影。而我们知道硅在各种工业粉尘中，毒性相对较大，长期吸入这种粉尘会引发尘肺病。如果防护措施不力，尺寸在100埃

清洁能源的环境风险

（一埃等于一亿分之一厘米）以下的二氧化硅粉尘就能通过人的呼吸道，在肺部沉积下来，长此以往便会形成尘肺病。

科学家分析研究得出了惊人的结果，所有可再生能源都会不同程度导致二氧化碳排放。那么二氧化碳到底是从哪里来的？当然不是由于可再生能源本身产生的，而是来自于生产这些设备的过程当中。科学家发现，可再生能源的能源密度过低，能源发生设备通常体积庞大、结构复杂。据统计，风力发电100万千瓦，就要消耗360吨水泥，水力发电站则达到需要消耗1 240吨水泥的庞大数字，而核电站的消耗量也达到了560吨。同时，在钢铁消耗方面，我们知道钢铁生产过程中释放出的二氧化碳比水泥更多。统计数字表明，风力发电机发电100万千瓦，需要消耗125吨钢材，水力发电站需要消耗14吨，核电站则需要消耗60吨。太阳能电池板生产需要的硅是一种有毒物质，熔炼时也同样消耗大量能源。

另一方面，部分可再生能源的使用可能会对社会生活造成巨大的影响。例如，水电站的建设往往需要相关区域的居民进行大量的搬迁，而大坝建成后淹没的河谷原本土地肥沃，人口众多。三峡水力枢纽的发电量相当于10座核电站，是目前世界上发电能力最大的水电站。但是三峡大坝的建成，则导致了1 000平方千米的土地被淹没，近200万当地居民移居他乡，这在世界其他区域或国家是难以想象的。

也许人类会寄希望于生物质能源。今天的生物燃料主要是由玉米、小麦、油菜、甘蔗等粮食作物转化而来的。发达国家鼓励生物燃料发展的政策其实是以超出粮食作物价值的价格进行收购来展开和进行的，这无疑会导致农产品价格非正常的上涨，这还会波及包括并不能用于能源生产的农产品，原因就是，能源生产用农产品会与作为食物的农产品争夺土地资源。科学家指出，用大约80升纯乙醇燃料米填满美国产大型越野车的油箱，需要消耗220千克玉米，而220千克玉米所提供的热量却足以满足一人一年的生活所需。2006年底，墨西哥已经因玉米面粉价格上涨一倍而发生多次骚乱。玉米面粉是墨西哥人的主要食品，而玉米却是发达国家乙醇燃料生产的主要原料，这种需求的失衡，以及带来的连锁反应，会在贫穷国家或地区形成灾难性的后果。有科学家计算后指出，基本粮食产品价格上涨1%，就将导致全球营养不良人口增加1 600万，这也许会成为贫穷国家及地区人们的灾难。

我们从可再生能源这些潜藏的缺陷中看到了其并不太"绿"的一面，但是也许我们不得不依赖可再生能源维持地球未来的生活，因为，随着传统能源的日渐枯竭，可再生能源是我们的唯一选择。同时，我们真切地感受到了"劣迹斑斑"的传统能源会破坏自然环境、损害人类健康的事实。法国环境和能源管理署署长米歇尔·帕帕拉尔多指出："可再生能源既算不上清洁，也说不上肮脏，只能算是灰色，因为这些能源会以其他方式对环境造成影响。"也许这就是现实为我们人类提出的又一个挑战。

第五节　工程的自然化回归

不论在最原始的萌芽发展阶段，还是在今天高科技水平下的现代化阶段，也许人类最终的目的都是在极力追求改造自然，改变自然中不利于人类生存的一切。也许这种追求和结果本身无可非议，但是，人类试图改变自然的内在规律似乎是徒劳的。

毋庸置疑，工程是人类文明中必要的组成部分，工程为人类更美好的生活做出了巨大的贡献。今天的人类生活似乎已经离不开工程，但是，工程与自然之间却存在着日渐疏离的趋势，工程似乎已经越来越接近自然的反义词。

在人类工程的杰作——城市建设中，现代人类越来越显现出在享受城市工程提供的生活便利、舒适与享受自然环境的惬意之间的犹豫不决和摇摆不定。不论是在寸土寸金的城市中心的高成本生活及与自然的隔绝，还是生活在郊区而存在的通勤距离和时间增加的矛盾，都令现代人苦恼不已。城市也已陷入"人造自然"的窘境之中，在点缀着零星树木与绿地的城市混凝土丛林中，人们似乎感到离自然已经越来越远。

那么，人类究竟应该如何把握工程的方向？工程应该走向何方？在今天乃至未来，工程应该如何更好地为人类创造更加美好的生活？这些是人们无法回避的难题。人类是选择无视自然界内在的规律，将满足人类的各种需求放在工程目的的首位？还是尊重科学，将自然规律作为工程开展的基准？答案不言而喻，当代的工程需要一种自然化的回归。这种自然化的回归就是使工程充分尊重自然界内在的规律或科学原理，使人类的活动顺应自然界内在的科学规律而自然地开展，让人类与自然和谐共存，共同繁荣。

世界很多国家都在为人类能更好地生活而不断探索工程的新思想、新理念、新技术，为使工程回归自然而不断地努力。澳大利亚哈利法克斯生态城市建设就是生动的范例之一。

哈利法克斯（Halifax）生态城位于澳大利亚阿德雷德市内城哈利法克斯街的原工业区，占地2.4公顷。哈利法克斯生态城市成功地将社区和建设的物质环境与社会及经济结构有机地结合在一起。它突破了传统的商业开发模式，提出"社区驱动"的生态开发模式，针对生态开发原则、策略、程序及其规划设计进行了全新的探索和尝试，是一个工程自然化回归的成功尝试。

一、追求自然的开发原则

随着对自然的掠夺性开采与自然渐渐显现出来的对人类的惩罚，人们开始意识到与自然和谐发展的重要性。在开发过程中追求自然，最大程度保持城市与自然的原貌，令土地、河流、生物区保持其完整的功能与活力。

生态城市建设原则如下：

（1）恢复退化的土地。在人类住宅区发展过程中进行并充分重视土地的生态健康性和潜力。

（2）适应生物区。尊重、重视并适应生物区的有关参量（生态因素），开发模式与景观、土地固有形式及其极限相互适应。

（3）平衡发展。平衡开发强度与土地生态承载力的关系，并保护所有现存的生态特征。

（4）阻止城市蔓延。固定永久自然绿化带范围，相对提高人类住宅区的密度开发或在生态极限允许的开发密度下进行开发。

（5）优化能源效用。实现低水平能量消耗，使用可更新能源、地方能源产品和资源再利用技术。

（6）利用经济。支持并促进适当的经济活动。

（7）提供健康和安全。在生态环境可承受的条件下，使用适当的材料和空间形式，为人们创造安全健康的居住、工作和休闲空间。

（8）鼓励社区建设。创造广泛、多样的社区及社区活动。

（9）促进社会平等。经济和管理结构均体现社会平等的原则。

（10）尊重历史。最大限度保留有意义的历史遗产和人工设施。

（11）丰富文化景观。保持并促进文化多样性，并将生态意识贯穿到人类住宅区发展、建设、维护的各方面。

（12）治理生物圈。通过对大气、水、土壤、能源、生物量、食物、生物多样性、生境、生态廊道及废物等方面的修复、补充、提高，实现改善生物圈，减小城市的生态影响。

二、回归自然的基础设施

哈里法克斯生态城在规划设计上特色明显。城市规划成方形格网形态，公寓街坊围合一个方形庭院和广场，为避免重复，任何庭院都采用不同的形式围合，个别圆形要素穿插作为辅助主题。

简单的7.6 m土墙结构决定了城市基本形态的经纬。这些400 mm厚的夯实的土墙意味着生态责任，墙体泥土取自乡村需要恢复的退化或受侵蚀的土地。夯土也成为建筑的大量原材料，以上所有建筑用料将立于大地之上，最终回归大地。墙体可使用数百年，并在支撑楼板、屋顶的同时起到储热的作用，而且还在紧凑的城市布局中吸声、隔声，为形成良好的邻里关系提供可能。

建筑追求在2～5层之间变化，上有屋顶花园、观景楼。屋顶花园既是休息场所，又可种植食物及增强邻里关系。全区屋顶花园上有一千多个太阳能收集器，通过它们可供应热水、取暖、制冷或给蓄电池充电。建筑选用对人体无毒、无过敏、节能、低温室气体排放的建筑材料，同时避免使用木料，减少对森林的砍伐。

区内设置地下停车场，全区没有穿过式交通，能通过不渗透或半渗透地面收集雨水，同时安装有太阳能收集器。

最大限度地避免依赖区外基础设施，特别是水和电的供应。通过收集、储存雨水和中水防止区内的水流失。屋顶、路面雨水被收集输送到地下水池，与经过过滤的下水道污水、淋浴和洗漱用水而得到的中水（Grey Water）混合，可灌溉屋顶花园、维护生产性景观植被，同时也从生态廊道渗入场地，而绿色走廊为本土动植物提供生境，所有的水将全部循环利用，水的输入量将趋于零。

在区内制造能量、获取资源并就近使用，如通过太阳能电池板发电，过剩的电力则输送至蓄电池。公用设施沟还设有先进的光纤电信系统和光缆电视、电话网等，使区内外信息交流安全、方便。区内还设置堆肥厕所，使富含有机质的污水不全部流入下水道内，为区内植物提供肥料，同时还可以制造沼气。

建设太阳能水生动植物温室（污水处理厂），污水将在这里通过生物过程得到处理，并提供堆肥和洁净的灌溉水。该系统运行、提炼过程均符合澳大利亚条件和植物群落习性，提炼的输出物将受地方卫生权威机构监控。太阳能水生动植物温室里的鱼和蝴蝶等，使之成为一个有吸引力的观光地。

三、融入自然的城市功能

社区另一吸引人的设计是城市生态中心。这里通过图书馆、展览、咨询、报告可方便知晓城市生态的有关知识，了解生态城市规划、设计和建设进展。它是公共场所，同时创造了教育性的生态旅游。

生态城市完整的思想内涵还包括与城市相平衡的乡村。哈利法克斯新城开发着手于两方面的恢复：乡村与城市。乡村地区的土地将被购买或划入整个开发的范围，促进其生态恢复，可作为食物基地、娱乐及城市以外的教育场地。哈利法克斯的居民被要求恢复至少1 hm² 退化的土地。在乡村，受到侵蚀的溪谷的稳固需要土的挖掘，而这又为城市环境提供了建筑材料。

哈利法克斯还重视金融与管理机构的研究、设计和建设，重视社会、经济、文化和宗教的融合，以确保经济和社会基础是平等的、民主的，没有这些城市就不能算是真正的生态城市。

哈利法克斯生态城的开发，不仅严格遵循生态开发程序，而且创立了"社区驱动"的一切程序。社区驱动的思想是开发由社区控制，社区规划、设计、建设、管理和维护全过程都由社区居民参与，是一种社区自助性开发方式。"社区驱动"开发程序起步的关键是管理机构的组建。管理机构是通过邀请个人作为重要组织代表加入而组建的。

这是我们在区域、总体上或宏观层面对生活环境所做出的顺应自然规律的改变或调整，但是这还远远不够，我们也许还应当关注更多的细节。环境专家指出，人类也许到了应该在诸如生活习惯、生活理念等各方面做出顺应自然规律的时候了。

很多人可能不了解，一些生活产品在生产制造过程中对地球资源的消耗是多么的巨大。咖啡的饮用者也许未必知道，冲饮一杯咖啡所需要的咖啡豆，在整个生产、加工、洗涤、蒸煮过程中，需要耗费140升的淡水；而加工1千克肉排的需水量则是咖啡生产的100倍，达到了1.4万升。因为，一头成年公牛每日的饮水量就达到100升。而一件纯棉T恤从棉花到成衣的生产过程则需要2 000升淡水。

据专家分析，世界人口41%即23亿人，生活在"水需求压力"的地区。在这些人中，17亿人生活在高度"水需求压力"地区，即人均可用水量只有1 000 m³/年。随着人口的增加，预计在下一个10年，淡水资源匮乏问题将会更加严重。到2025年，至少有35亿人或者世界48%的人将会生活在"水需求压力"地区，其中24亿人将生活在高"水需求压力"状态。

2010年已有20亿人口缺水，2025年2/3世界人口将为缺水所苦。受水资源危机影响最严重的群体依然是最贫困国家的人民，因为有50%的发展中国家的人民面临着已经被污染的水资源所带来的危险。

假如我们能够做出一些改变，也许生活习惯、生活理念等各方面自然化的回归会为我们自身未来的生存及生活带来某种有益的促进，这应该是人类文明进步与发展的另一种体现吧！

人类工程应该选择与自然合作，而不是与自然对抗。这里所指的自然其实是大自然所蕴含的法则和规律。例如，森林与土壤、气候、空气、雨量、水资源、生物

缺水的"水球"——淡水危机

栖息地等之间都有着错综复杂的相互关系及内在规律，自然万物之间形成了一个巨大的生态系统。而人类只能在了解、认识这种相互关系和内在规律中，遵循自然规律，与自然合作进行工程活动。如果不遵循自然规律，人类就会受到自然的惩罚。如今经常出现的反常气候，暴虐的洪水，可怕的沙尘暴，等等，都是人类和自然对立、对抗所受到的惩罚。因此，工程的自然化回归可能是人类的必然选择！

第三章
工程环境决策的博弈

第一节　环境影响法律手段博弈

《中华人民共和国环境影响评价法》第一章总则第二条称，环境影响评价是指对规划和建设项目实施后可能造成的环境影响进行分析、预测和评估，提出预防或者减轻不良环境影响的对策和措施，进行跟踪监测的方法与制度。通俗地说就是分析项目建成投产后可能对环境产生的影响，并提出污染防治对策和措施。为了保证环境影响评价制度的贯彻实施，我国于2002年颁布了《中华人民共和国环境影响评价法》。

环境影响评价的落实可从源头控制环境污染和生态破坏，现在许多项目在开展环境影响评价前就开始进行多方案的比选，建设项目选址、选线要避免重大的环境影响已成为人们的共识。环境影响评价优化了产业结构和行业结构，项目环境影响评价从要求污染物达标排放开始，逐渐上溯到生产工艺的改革和清洁生产技术的采用。同时环境影响评价促进节能减排指标的完成，贯彻达标排放、以新代老、区域削减等原则，有效地控制新建项目污染物的排放。

环境影响评价制度与项目建设和经济发展息息相关，因此如何平衡环境影响与经济发展成了一个难题。同时，一些其他环境政策与法规在环境管理、污染事件应对即可持续发展等方面做出了规定，与环境影响评价制度一同指导着我们的经济生产与环境保护行为。

一、地球家园的未来

1992年在巴西里约热内卢召开的联合国环境与发展大会是人类关于环境与发展问题思考的第二个里程碑。这是一次确立将可持续发展作为人类社会发展新战略的具有历史意义的大会。183个国家和地区的代表出席了大会，其中有102位国家元首和政府首脑。会议通过《里约环境与发展宣言》和《21世纪议程》。《21世纪议程》是一个前所未有的全球可持续发展计划，它第一次把可持续发展由理论和概念推向行动。各国政府代表在联合国环境与发展大会上签署《21世纪议程》表明，他们为确保地球未来更好、更快、更安全的发展迈出了历史性的一步。

《21世纪议程》指出，人类正处于一个历史的关键时期，世界的现实是，国家之间和各国不同区域之间长期存在的经济悬殊现象，如贫困、饥荒、疾病、文盲等有增无减，赖以维持生命的地球生态系统继续恶化。如果人类不想进入这个不可持续的绝境，就必须改变现行的政策，综合处理好环境和发展的问题，提高所有人特别是穷人的生活水平，在全球范围内更好地保护和管理生态系统。

《21世纪议程》关注经济和社会的可持续发展、资源保护和管理、主要群体作用的加强。包括加速发展中国家可持续发展的国际合作和有关的国内政策，消除贫困，改变消费模式，改变人口动态与可持续发展能力，保护和促进人类健康，促进人类居住区的可持续发展，将环境与发展问题纳入决策进程。涉及环保大气层、陆地、森林，禁止砍伐森林、脆弱生态系统的管理和山区发展，促进可持续农业和农村的发展，生物多样性的保护，对生物技术的环境无害化管理，保护海洋生物资源，保护淡水资源的质量和供应，对水资源的开发、管理和利用，以及废物最少量化和再生利用。同时采取全球性行动促进妇女的发展，支持妇女、儿童、青年积极参与可持续发展，确认加强土著人民及其社区的作用，加强工人和工会的作用，加强非政府组织的作用，加强工商界的作用，加强科学技术界的作用以及农民的作用等。

《21世纪议程》是一个广泛的行动计划，它提出了在全球、区域范围内实现可持续发展的行动纲领，提供了一个从现在起至21世纪如何使经济、社会与环境协调发展的行动蓝图，涉及与地球可持续发展有关的所有领域。虽然不具有国际的法律约束力，但它却反映了在环境与发展领域实行国际合作，全球共识和国际上最高级别的政治承诺。

环境与自然资源是两个既相互区别又彼此联系的概念，可以说是一个问题的两个方面，联系紧密。在一定的时空范围和缺乏生态联系的条件下，自然资源表现为各种相互独立的静态物质和能量，而环境则是静与动的统一体。从静的角度来看，环境是一定时空范围内自然界形成的一切能为人类所利用的物质和能量（及自然资源）的总体。从动的角度来看，环境是指有一定数量、结构、层次并能相似相容的物质和能量所构成的物质循环与能量流动的统一体，它具有生态功能，具有满足人类生产和发展的生态功能价值。

环境影响法律的调整对象是人与人关于环境的社会关系和人与环境的关系，是人与人关于自然资源的经济关系和人与自然资源的关系。

环境保护作为一个较为明确的科学概念，是在1972年联合国人类环境会议上提出的。会议通过的《联合国人类环境宣言》指出："保护和改善人类环境是关系到全世界各国人民的幸福和经济发展的重要问题，也是全世界各国人民的迫切希望和各国政府的责任。""人类有权在一种能够过尊严和福利的生活环境中，享有自由、平等和充足的生活条件的基本权利，并且负有保护和改善这一代和将来世世代代的环境的庄严责任。"

二、谁来为污染买单

纽约的拉夫运河小区是典型的美国城市郊区，这里靠近尼亚加拉大瀑布，环境宜人，是蓝领阶层集中的社区。1978年春，拉夫运河地区危险废物污染问题被曝光，并很快震惊全美国及全世界。

事件是由一名普通的美国家庭主妇洛伊斯·吉布斯引发的，洛伊斯·吉布斯有两个孩子，5岁大的儿子麦克患有肝病、癫痫、哮喘和免疫系统紊乱症。5年来，她绝大多数时间是在医院儿科病房度过的，她不明白为什么儿子小小年纪竟会患上这么多奇怪的病症。有一天，她偶然从报纸上得知，拉夫运河小区曾经是一个堆满化学废料的大垃圾场，于是她开始怀疑儿子的病是不是由这些化学废料导致的。

当她把自己的怀疑说给邻居们听的时候，许多人也产生了同样的怀疑。随后吉布斯联络了一些姐妹开始进行调查，看是否还有类似遭遇的家庭。结果她们吃惊地发现了一个又一个家庭都曾出现流产、死胎和新生儿畸形、缺陷等经历。此外，许多成年人体内也长出了各种肿瘤。随即，一个令人不安的事实被曝光：从1942年到1953年，胡克化学公司在拉夫运河河谷倾倒了两万多吨化学物质。

1954年，胡克公司将垃圾埋藏封存在那里之后，以一美元的价格将土地卖给了当地的教育委员会，并附有关于有毒物质的警告。不久之后在那里建成了一所小学，小学周边的地区开始繁荣起来，逐渐形成了今天的拉夫运河小区。然而，新来的居民哪里知道有毒物质正在渗入他们的社区，那些化学废料逐渐渗出地面，威胁着他们的健康。

这一事实的揭露令小区居民震惊不已。人们感到彷徨失措、惊恐不已。他们纷纷提出抗议，要求政府进行更加详细的调查，并做出合理的解释和采取相应的措施。1978年4月，当时的纽约卫生局局长罗伯特·万雷亲自前往视察，他亲眼见到以前埋在地下的金属容器已经露出了地面，流出黏乎乎的液体，像是重油一样，又黑又稠。

整个春天与夏天，市政府官员都在与当地居民探讨这起影响身心健康的灾难。居民们想要知道："我的孩子是否能够正常地长大成人？"并请求相关机构"查明原因，千万不要让悲剧再次发生"，以及提出"我们要搬出去！离开这里！"

4个月后，纽约卫生局宣布小区处于紧急状态，并在几天后由总统卡特颁布了紧急令，允许联邦政府和纽约州政府为尼亚加拉瀑布区的拉夫运河小区近700户人家实行暂时性的搬迁。7个月后，当时的美国总统卡特颁布了划时代的法令，创立了"超级基金"用以修复被污染的土地。这是有史以来美国联邦资金第一次被用于

美国拉夫运河事件

清理泄漏的化学物质和有毒垃圾污染。

随后，美国政府颁布了《超级基金法》。随着多年来的不断探索和改进，最终建立了一套在法律、管理制度以及技术规范方面比较完善的土壤污染防治体系。

虽然美国的拉夫运河污染案例是土壤污染的个案，但是，目前在全球范围内，许多国家都不同程度地存在土壤污染问题，土壤污染问题也已成为全球环境问题中继大气污染和水体污染的又一重大环境问题之一，严重威胁人类的生产生活。而且土壤污染具有隐蔽性和潜伏性，在土壤受到污染的初期往往难以察觉。待到污染爆发时，后果往往非常严重，对人类身体造成巨大伤害，治理污染花费的人力和物力也很巨大，难以治理。同时，拉夫运河事件之后，美国政府公布的《超级基金法》，对土壤污染在预防、治理和控制、管理等各方面形成了一整套有效的环境管理体系，极具借鉴意义。

三、土壤污染的难题

1. 法律的保障

法律手段是环境管理的重要组成部分，《超级基金法》正是运用法律手段对土壤污染进行预防、治理和控制。《超级基金法》规定，如果在任何土地"设施"上发现"危险物质"的"排放"或"可能发生的排放"，则"有关责任方"应当对清除污染承担连带严格责任。这表明，任何团体或个人在使用土地时都要承担对土地环境的保护责任，而一旦造成了污染，就可能面对巨额的治理和赔偿费用。政府还根据该法案，建立了一个信托基金，名为"超级基金"，为《超级基金法》的实施寻求资金支持。同时，允许第三方介入对污染的评价和确定，当第三方确认对象的污染事实后，3倍罚款超出治理的费用部分归第三方所有，为更好地控制、管理土地污染事件打下基础。

2. 经济的支撑

污染付费原则。根据《超级基金法》，如果土地受到了污染，一旦被发现、确认，政府有权要求造成污染事故的责任方治理土壤污染或者支付土壤污染治理的费用。拒绝支付费用者，政府可以要求其支付应付费用3倍以内的罚款。如"拉夫运河污染事故"中，造成污染的胡克公司共赔偿受害居民经济损失和健康损失费30亿美元。

税收政策原则。"超级基金"资金的来源主要有两个：对特定的化学制品（每吨征收0.22～4.87美元）、石油（每桶征收0.79美分）及其制品的生产或进口征收环境税，这部分占整个资金来源的80%以上，其余的资金由美国政府提供。美国环保局将这些资金用于支付环境责任难以认定的土地环境污染事故的修复费用。

政府补助及基金原则。美国还积极采用补助金和基金手段来推动社会团体参与土壤修复。"超级基金"提供4种补助金，即"修复补贴""评估补贴""周转性贷款补贴""环境培训补贴"。"修复补贴"为场址环境评价、修复和工作培训提供资金支持；"评估补贴"为清查、规划、环境评估和与周边社区居民交流活动提供资金支持；"周转性贷款补贴"为修复污染提供资金；"环境培训补贴"用于支持社区居民环境知识培训，等等。

3. 行政的辅助

根据《超级基金法》，美国政府建立了相应的土壤污染防治体系和管理机制。

首先是受污染土壤的调查和后续管理框架。假如怀疑某一地块受污染，该地块的相关信息就会被输入到综合环境污染响应、赔偿和责任认定信息系统。美国环保局按照机制中相关的程序评估目标地块污染的危险性。

其次是针对土地污染调查及污染的确定。对污染的评估主要包括3个程序：初步评估、场址调查和建立危险分级体系积分库。初步评估时，美国环保局收集和评估现有的场址资料（例如场址使用历史、饮用水源、周边的人口），确定场址是否存在显在或潜在的污染，并确定是否需要进一步调查。在场址调查阶段，美国环保局和其他有资质的第三方机构通过现场采样调查和实验室分析等，确认场址污染，污染物是否进入了周边环境，场址受污染或潜在的污染程度以及风险评价。危险分级体系用来判定土地环境污染程度，该体系会根据废弃物特性及其暴露途径（例如地下水、表面水体、土壤和空气）以及潜在危害目标物（如人体或敏感环境）方面，评估场址对人体和环境造成的危险程度，等等。

之后，针对污染的治理建立了"超级基金"管理程序，旨在提高修复工作的效率。管理体系规定，土地污染修复必须达到以下条件，才可视为竣工：场址上所有修复或相关措施都已完成，所有修复目标都已达到；美国环保局有责任与州政府一道管理场址筛选过程；需要有一个为期5年的保护后评估，等等。

4. 技术的完备

技术手段作为环境管理的重要内容，是保证管理职能科学有效地发挥作用的基础。为保障土壤污染防治体系和管理机制有效执行，《超级基金法》还制定了一些技术规则，专门指导和规范土壤环境调查，作为环境管理制度实施的技术依据和保障。如环境评价的标准惯例，针对土壤和地下水评价的数字模拟模型等技术指南。

第二节　我们如何获得环境信息

随着经济全球化进程的不断加快，增长的极限和自然资源枯竭的问题在全球范围内引起越来越多人的关注。但是，在很多国家采取了更为积极的环境保护政策的同时，也引起了某些受到冲击的工业部门的抱怨。这些工业产品生产与销售的既得利益者认为，环境保护政策可能会给国际贸易自由化带来新的障碍，进而发展成一种新型的贸易保护主义，这是对经济发展与社会进步非常不利的因素。于是产生了种种矛盾冲突，一方面，新环境政策及解决环境问题时会对部分经济体的发展形成冲击，另一方面，某种经济或贸易的展开会对环境形成明显的不良影响，对保护环境行为的不同理解也从此展开。

无疑，这种功利主义的既得利益与环境现实主义之间在观念上的冲突造成了对环境信息理解上的差异，争论也由此开始。

1. 环境主义者对环境信息的理解

所有生命，包括人类和非人类，都有其自身的价值，而与其用途及经济价值无关。同时，人类除了生活必需之外，并没有权利减少其他物种的数量和多样性。

对于其他生命形式及地球来说，当前人口过多并过度的侵占性和掠夺性，已经造成致命后果，必须改变这种状况，实现人口的"持续削减"，从而使人类和非人类生命同时得到繁荣。

为了达到这个必不可少的平衡，必须大力改变人类的经济、技术和意识形态结构，不能单纯强调经济的规模、高增长和高标准的生活，而应该强调可持续发展的社会，强调人类非物质的生活质量。

2. 功利主义的既得利益者对环境信息的理解

如果缺乏对人类自身的关注，有关"地球遗产"这种华丽的词藻就是不适当的，共享遗产需要统一的共同体，地球遗产应使全世界的每个人都有分享的权利。

功利主义价值观认为，快乐与幸福的最大化的唯一方法是为了全体的好处而牺牲一部分人的利益，这应该是一种正常的现象。如果允许工厂向环境排放某种可致癌物质，而同时很多人愿意接受这种污染来换取更加便宜的消费产品，那么，这种行为完全可以通过计算利润和成本加以实施。

3. 环境信息的不对称性及其成因

对收获及经济利益的不同考虑，会直接导致不同的群体对环境信息理解的偏差，以及对收获的片面追求导致的失衡，而这种理解和认识上的差异，也许会不可避免地造成环境信息的不对称。

另外，环境信息及知识的获取与环境保护行为之间也会出现不对称性。一方面，随着公众环境意识的上升，参与环境保护的热情不断提高，公众以各种形式参与环境保护的力度、深度和频度大大提升。另一方面，公众获得的环境信息却存在局限性，对环境知识的了解并不准确或存在片面性。性别、年龄、受教育程度、城乡常住人口类型、家庭月收入等个人特征不同的人群对环境科学的认知都存在着显著差异性或者说不对称性。

这些环境信息的不对称性，一方面根源于总体性社会中环保信息的垄断和参与渠道的不畅通，另一方面也来源于不同利益群体对环境信息理解的偏差。

环境知识与环境信息是产生环境保护行为的基础。环境信息在解决环境问题过程中，对环境问题的识别，方案的选择与构建，形成环境意识和理念、思想等都具有重要的影响。环境信息与知识是人们环境意识觉醒的基础，虽然获得了环境信息及知识并不一定就会产生保护环境的行为，但却是产生行为的必要条件。获得环境信息之后，只有当人们认识到自身是环境问题的利益相关方时，才会更加关注环境问题。对于普通公众而言，环境信息的了解及环境知识的掌握，还需要更高层次的环境知识来帮助，进而，人们才会针对环境问题形成自身的态度和意识，产生支持或反对的决定，当人们的这种态度得到社会或公众的支持或认可时，环境保护行为就会形成。

同时，符合市场规律的环境信息对环境保护行动的缓慢渗透也与这些环境信息本身未被普通公众很好地理解有关。环境保护行动给消费者带来的利益通常不易察觉，但所付出的成本却很容易被发现和看到。在传统的命令-控制型政策中，消费者会看到价格上涨，但他们很难将价格上升与环境保护联系起来。同时，消费者也不会明确感觉到汽油与电力的价格浮动是由于采取了环境保护行动——逐步淘汰含铅汽油和降低二氧化硫排放所导致的结果。这时，环境保护行为（尤其是向消费者收费的政策）可能会由于环境成本过于显现而遭到公众的抵制，难以实施。尽管宣传和鼓励个人将环境成本与个人收益联系起来的考虑是一件利国利民的好事，但它肯定会降低环境保护行动本应该给人们带来的激情。

4. 环境信息不对称性的不当利用

环境信息的种种不对称性，并不利于真正解决全球环境问题，有时反而使既得利益者假环境之名获得既得利益，进而引发诸多环境与贸易的冲突与矛盾，绿色贸易壁垒也许就是不能称之为具有公正性的单边主义大棒。

20世纪80年代后期，各国开始兴起新的贸易保护政策。在国际贸易中，一些国家为了使本国经济体免受国际竞争冲击，以保护生态资源、生物多样性、环境和人类健康为借口，设置了一系列苛刻的、高于国际公认或绝大多数国家不能接受的环保法规和标准，对外国商品进口采取准入限制或禁止措施。

2001年底，很多外贸企业都还沉浸在中国加入世界贸易组织的欣喜之中，江苏申澄集团却仿佛遭到了当头一棒。这家企业出口德国的一批针织服装，因为没有达到合同上商定的生态纺织品规范而被德方中心商处以16万美元的罚款，辛辛苦苦挣来的血汗钱就这样打了水漂。与此同时，浙江一家专门从事女装出口的制衣企业将一批成衣按订单要求发往德国时，却被拒收。不知就里的企业经营者被告知：不是服装尺寸不合规格，而是小小的纽扣出了大问题，纽扣不符合德方的环保要求。制衣公司当即与纽扣厂联系，从未听说过纽扣会有环保问题的厂家连忙按要求从新制作了一批纽扣，换了纽扣后的这批服装才得以"过关"。之后，中国的外贸企业如同遭遇了多米诺骨牌，各行业的多种出口商品都不同程度地遭遇了"滑铁卢"。

美国对中国铅笔企业反倾销以及中国企业抗辩，可以算作"一年一度"的例行节目。1993年11月17日，美国商务部对原产于中国的盒装铅笔进行反倾销立案调查。上海第一铅笔股份有限公司是中国铅笔业的龙头企业，近年来频频抗辩成功，2005年甚至争取到0.15%的"零关税"，2006年涉案的另6家公司在终裁中也拿到了12.37%～26.62%不等的单独税率，而其他所有铅笔企业都面临114.90%的高额关税壁垒。受第一铅笔2005年"零关税"的激励，中国企业积极应诉。我国是世界第一大铅笔生产和出口国，每年铅笔产量约占世界总产量七成左右，出口量则相当于国外总产量的1.5倍以上。庞大的产销数量使得企业市场拓展的余地相当有限，因此维护现有市场是企业生存发展的必由之路。铅笔企业表示，由于美国每年的反倾销关税不尽相同，上上下下波动很大，使得他们的出口无法形成稳定的预期。

2006年5月起，日本正式施行《食品中残留农业化学品肯定列表制度最终草案》。该草案明确设定了进口食品、农产品中可能出现的734种农药、兽药和饲料添加剂的近5万个暂定标准，大幅抬高了进口农产品、食品的准入门槛。目前全球有约700种农药，即便是拥有先进设备和检测人员的日本横滨进口食品检疫检查中心也只有检测其中200种农药的能力。即使是这200种农药的检测，也因化验数据收集和管理工作量大、设备和人手严重不足而影响工作进度。据日方承诺，他们要在2007年底才能把所有项目的检测方法公布出来。"肯定列表"制度规定每种食品、农产品涉及的残留限量标准平均为200项，有的甚至超过400项。专家称，按照"肯定列表"的标准，吃一棵菜要检测200个项目。因此，到目前为止，日本的"肯定列表"制度被认为是"最为严苛的检测标准"。残留控制和农药检测所发生的费用将使我国输日产品的成本大幅增加。日本作为中国农产品的第一大出口市场，"肯定列表"的实施已严重影响我国农产品对日本的出口。2006年6月2日，中国出口日本的甜豌豆被日方要求收回，成为"肯定列表"制度实施后首件超标被查的农产品。此后，我国鳗鱼、干青梗菜、大粒花生、冷冻木耳、天然活泥鳅等产品被陆续查出药残超标。据海关统计，2006年，我国对日农产品出口大幅下降至26.47%，其中水产品的对日出口基本停止增长。据专家保守估计，日本"肯定列表"的实施将对我国对日农产品出口总额的1/3产生致命影响，同时日本对农产品农业化学品残留物做了明确规定，并增加了"命令检查"和"监控检查"。

5.追求公正的环境信息

环境信息是应该具有公正性的，这是由我们共有一个星球这个事实所决定的。不同国家、不同区域、不同肤色、不同民族的人都生活在这个星球上，地球环境是全世界所有人的环境。因此，我们应该努力避免环境信息的种种不对称性，追求其公正性。用马来西亚总理马哈蒂尔博士的话来形容："富裕的发达国家发起各种各样的运动，反对（砍伐森林以开发土地）修建水电站。但他们早已大力发展了水电。所以现在世界银行被利用来剥夺贫穷国家发展廉价水电的权利。如果我们认为这是一场迫使我们继续贫穷的阴谋，这种说法是否该受到谴责呢？"

第三节　我们如何参与其中

公共政策是政府为管理公共事务所制定的政策，是政府通过对自身利益和公共利益的考量，在调整社会利益关系与分配社会利益关系中间做出选择，进而及时地解决公共问题的过程。公共政策既可能直接调整社会利益关系，减少客观差距，包括对公共利益的生产、分配、交换和消费，也可以转移公众的期望值，调节及缓和公众的不满情绪。它的中心应该是及时解决社会公共问题。

美国经济学家保罗·R·伯尔尼在他的著述《环境保护——公共政策》一书中指出，美国环境政策最明显的变化，就是经济激励手段或者称之为基于市场的政策工具的运用。这些政策通过市场信号来刺激行为人或团体的动机，而不是单纯通过明确的环境控制标准和条款来约束人们的行为。

但是需要指出的是，这些政策都需要很好的设计和执行。现代社会中，我们每一天都在决策。普通人的决策出现失误只影响个人的得失，但公共政策则不然。公共政策不仅会影响到个体和团体，它的失误还会给整个社会带来不利的影响，环境公共政策更是如此。

因为，地球环境并不是某个人或某个群体单独拥有的，同时，环境问题具有的迁移特性，使某一区域或某一国家出现的环境问题，会跨越地区或国家的界限，成为公害。这时这种环境问题或危机涉及的范围或人群也就随之跨越了国境，成为很多人，乃至全人类需要共同面对的问题。

今天的环境问题已经具有涉及范围广、影响公众多和影响因素层次复杂等特点。它将涉及所有人，不论他的经济地位如何，政治地位如何，是个体还是群体，甚或是一个机构，都会各自起到某种积极的作用。这种种问题的后果，他的负面或正面的影响，也会与我们提到的所有人息息相关。同时，受到环境影响的公众不可避免地会存在相互之间利益方面的冲突，这就需要在分析解决问题时，尽可能地考虑各方面相关人群的利益，充分利用群体的积极作用，克服其可能产生的消极作用，并均衡多方面的利益，只有如此环境问题才能够最终得到解决。

环境问题所涉及的个体、群体、机构等有利害关系的所有对象，称为利益相关方，它是解决环境问题的重要力量。利益相关方参与解决环境问题时，需要信息沟通，平等对话，寻求妥协，实现相关各方在同一平台上表达各自的利益诉求，形成利益博弈，达到资源的优化配置，以探索解决问题的最优途径和方案，并实现共同

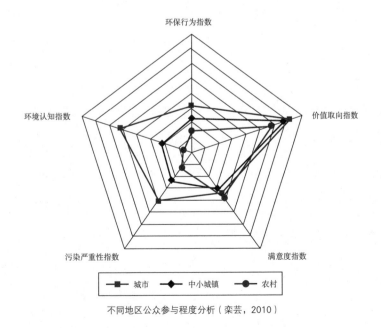

不同地区公众参与程度分析（栾芸，2010）

利益的最大化。这是解决环境问题的最为重要的基础。

公众参与（Public Participation）是指公众或利益相关方以某种方式介入到某种社会活动，并对该活动的计划、决策、实施及结果产生一定影响的行为。目前公众环境素养的行为分析表明，行为指数偏低，说明参与程度不足。

环境管理的公众参与是指公众或社会团体参与环境管理制度的设计、监督、实施等相关的活动，以确保公众参与并维护其正当的环境权益，尊重公众在公共环境管理领域的话语权，并促进政府和企业增加环境信息的透明度和公开程度。

第四节　留在环境中的痕迹

面对日趋复杂、严重的环境问题，我们不禁要问，我们的社会为什么开启了那么多对环境有害的科学技术？又为什么至今无法从根本上控制这些科技向市场的渗透？当然，我们的社会也同样开启了很多有益环境的科技手段。但是，我们真的需要了解，真的需要从如何避免对环境造成巨大损害的角度，评价和预测科学技术、手段、方法、途径对环境的影响，从而更好地引导环境友好型科技的发展。

这是一个有着多重重要目的的过程，虽然这种评价和预测还不能代替决策，但它可能会为做出某些决定提供必要的支持和引导，最终促使发展、进步的行为与环境之间的利益达到均衡。

环境影响评价最早起源于美国。当初整个美国环境部对环境影响评价的必要性、可操作性、成本都持怀疑态度，经过了种种的质疑之后，终于得以明确："我们完全赞成……要确保对大规模开发活动可能产生的环境影响进行评估……合理地利用这种评价和预测将有助于提高处理那些相对较少的、重大的拟建项目的能力。"

在许多重大的经济发展事件中，环境影响评价扮演着非常重要的角色。它涉及社会进步——认识到每个人的需要；有效的环境保护；自然资源的谨慎利用；维持快速和稳定的经济增长和就业水平。

随着环境问题的日益复杂，涉及的因素日渐增多，涉及的范围日趋扩大，环境影响评价的手段和方法也随之发展完善。

一、生态不可承受之重

随着经济的发展，人类对资源和环境的需求已经超越了生物圈所能持续支持的能力，因此，在准备开发利用环境和自然资源时，必须进行开发建设的生态影响评价。生态影响评价是指对工程开发所可能对生态产生的影响进行预测，并提出防护措施的过程。生态影响评价的对象是自然资源和区域环境，由于这些对象具有宏观分布的特点，涉及的自然等级体系已不是一个生境或生态系统能包容的，往往超过了生态系统的范围，甚至上升到了景观、区域等大、中尺度系统。以往对点源和生态系统变化的评价已不能满足生态影响评价的要求，对于大、中尺度自然系统的结构和功能的动态辨认，最方便的手段就是对所研究地区的航空相片或卫星遥感图片进行判读。地理信息系统GIS是以测绘测量为基础，以数据库作为数据储存和使用的数据源，以计算机编程为平台的全球空间分析即时技术。它在计算机的支持下，把来自地表的各种资料贮存、修正、分析和重新编辑，最后输出一系列不同种类的景观生态图，成为生态调查的重要依据。

生态影响评价通过定量揭示和预测人类活动对生态影响及其对人类健康和经济发展作用的分析，确定一个地区的生态负荷和环境容量。生态影响规模大，影响因子复杂，同时，生态建设项目会影响到人类发展的可持续性。生态影响评价，一般包括生态系统结构和功能的变化趋势，生态问题的恶化或好转，生态资源的变化态势以及其他影响，如污染的生态效应等。拟建项目类型、对环境作用方式以及评价等级和目的要求等不同，评价方法、内容和侧重点也不同：有的用定性描述评价，有的用定量或半定量评价方法；有的侧重对生态系统中生物因子的评价，有的则侧重对其中物理因子的评价；有的着重评价拟建项目的生态系统效应，有的评价生态系统污染水平的变化，所以很难用同一模型予以概括。

生态影响评价的基本理论是生态承载力理论。生态承载力的概念最早来自于生态学。1921年，Park和Burgess在人类生态学领域中首次应用了生态承载力的概念，即在某一特定环境条件下（主要指生存空间、营养物质、阳光等生态因子的组合），某种个体存在数量的最高极限。

为了更好地理解生态承载力，将自然资源分为可更新资源和不可更新资源两类。随着人类对资源的不断利用，不可更新资源的消耗会日益枯竭，只有利用可更新资源，生态承载力才具有可持续性，其计算公式是：

$$E_c = e/p_1$$

式中：E_c为人均生态承载力，e为可更新和不可更新资源的人均太阳能值，p_1为全球平均能值密度。

自然环境资源财富来自地球生物圈的作用，推动生物圈物质循环的能源有3

种，即太阳辐射能、潮汐能和地热能。为避免重复计算，根据能值理论，同一性质的能量投入只取其最大值。风能、雨水化学能和雨水势能都是太阳辐射能的转化形式，只取其最大项雨水化学能。海潮则由月亮和太阳对地球的引力所引起，与太阳辐射能性质不同，也应计入。可更新资源只取雨水化学能和海潮能。两者相对应的生物生产性土地面积，作为研究区域的人均生态承载力值。

生态影响评价就是在该理论的基础上进行生态影响识别，并最终对生态影响评价等级作出划分。

二、生活在风险之中

环境风险是指由人类活动引起的，或由人类活动与自然界的运动过程共同作用造成的，通过环境介质传播的，能对人类社会及其生存、发展的基础——环境产生破坏、损失乃至毁灭性作用等不利后果的事件的发生概率。因此环境风险具有不确定性和危害性两个特点。

环境风险主要包括化学性风险、物理性风险与自然灾害风险。化学性风险指会对人类、动物、植物产生危害或其他不利影响的化学物品的排放、泄漏，或是有毒、易燃、易爆材料的泄漏而引起的风险。对于此类风险，要确定化学品从生产、运输、消耗到最终进入环境的整个过程中，乃至进入环境后对人体健康、生态系统造成危害的可能性及其后果对其进行评价。在评价过程中一般要确定它们的优先程度，根据其优先程度进行评价。物理性风险指极端状况下引发的风险，如交通事故、大型机械设备、建筑物倒塌等会引起立即伤害的各种事故的风险。而自然灾害风险指地震、台风、龙卷风、洪水、自然火灾等引发的物理和化学性风险。一般在建设项目中的环境风险主要来自建设项目本身，如由于设备不当管理、错误造作等引起的事故风险以及外界因素，如自然灾害所造成的破坏与事故。针对建设项目本身的风险评价，所考虑的是建设项目引发的、具有不确定性的危害事件发生的概率及其后果。工程项目在建设和正常运行阶段所产生的各种事故及其引发的短期急性和长期慢性危害；人为事故、自然灾害等外界因素对工程项目的破坏而引发的各种事故及其危害；工程项目投产后正常运行产生的长期危害，这些都是需要在项目建设中特别关注的。

环境风险评价主要由环境风险识别、环境风险估计与环境风险决策和管理三个阶段构成。风险识别是环境风险评价的基础。通过风险识别，把环境系统中能给人类社会、生态系统带来的风险因素识别出来，将环境系统中各因素间错综复杂的关系简单化，对其进行下一步的风险估计。风险估计指对环境风险的大小以及事件的后果进行预测和度量。首先确定风险事件危害的范围，分析环境风险的途径，将风险发生的不确定性与后果的严重程度定量化。在对风险进行正确估计之后，要对环境风险进行决策和管理。根据风险分析、评估的后果，结合风险事件承受者的承受能力，确定风险是否可以被接受，并采取降低风险的措施和行动。

三、废物还是资源

堆砌在墙角的饮料瓶可以变成漂亮的花瓶，敲碎的鸡蛋壳可以撒入花盆变成肥料，生活垃圾可以集中用来焚烧发电，丢掉的木制家具可用来造纸……"世界上没有垃圾，垃圾是放错位置的资源。"对废弃物的再利用自古就有，但是随着资源供给矛盾的突出，如何产业化对废弃物进行循环利用走入了人们的视线。日本、欧洲以及美国许多国家都在积极寻找与发展废弃物的再利用途径。

日本为此制定了一系列法律。据统计，通过实施《家电循环法》，有60万吨旧家电变废为宝；《汽车循环法案》使几百万吨的旧汽车变成再生资源；《建设循环法》可使日本每年几千万吨的建设工地废弃物得到循环利用。预计到2050年会减少到370万吨，并最终达到垃圾"零排放"。日本松下电器公司成立了专门分解废旧家电的工厂，废旧家电经过分解、破碎、分选等程序，变成金属、玻璃、塑料等颗粒状的材料。除了自己使用，松下公司将一部分原料卖给其他厂家，而这些废弃物加工而成的原料又被制造成了家电的零部件，或者房屋的装修材料。

美国政府则在资源循环利用方面制定了完善的法规和政策，并结合行政手段极大地推动了资源的回收利用。20世纪90年代，美国环境保护署认定，电池是城市固体废弃物中最大的汞污染源，如果处理不当，将对人体健康和环境造成严重危害。为此，美国制定了相应的法规，对电池生产过程中汞含量加以限制。在立法和公众舆论压力下，电池制造商在家用电池生产过程中尽量减少汞的使用量。目前，美国出售的普通家用电池均可在用完后与其他垃圾一同处理而不会对环境造成破坏。但对充电电池和汽车使用的铅酸电池，美国政府则要求使用者将其送回汽车修理站或指定的电池零售商店。

美国国会1990年还通过了净化空气法，该法禁止在制冷设备的制造、使用、维修和处理过程中排放含有氟氯化碳的制冷剂，并对氟氯化碳等有害气体进行回收，循环利用。为推动资源的回收利用，美国环境保护署1988年宣布用5年时间，使城市垃圾回收利用率达到25%，到2005年，这一指标则提高到35%。据此，各州纷纷通过立法，对本州居民提出了更严格的要求。例如，纽约州和加利福尼亚州提出要使回收利用率达到50%，新泽西州要达到60%，而罗得岛州的目标则高达70%，有些州还制定了对未遵守规定的居民的处罚条令。

美国各州除制定原则性法规外，还列出了详尽的实施细则，以便于居民有章可循。如宾州卫生环保当局规定，装有可回收利用的废弃物的垃圾箱或密封的塑料袋的重量不得超过75磅（合34千克）；报纸、硬纸箱、碎木板等零散物品应捆为长不超过4英尺（约合1.22米）、直径不超过2英尺（约合0.61米）的捆；居民必须依照指定方式，在规定时间内将可回收废弃物放在指定地点。

美国各地回收利用废弃物的努力带动了再生资源产业的发展。但因为相关技术的发展和市场的培育需要一个过程，所以美国政府采取了一些调控手段。1993年克林顿总统签署了行政令，要求再生产品在所有政府机构的办公用纸中应占20%，1999年将这一比例提高到30%。这一命令的实施使再生产品在联邦政府的采购物品中两年内增加了35%。在政府的带动下，各州和地方政府也相继制定了相关政策。到20世纪90年代中期，美国的回收利用项目已达7 500多个，影响到近50%的人口。但一些利益集团考虑到自身利益，反对回收利用废弃物品。针对反对者对政府采购中有关再生资源比例规定的批评，环保人士指出，近20个州的有关当局和报纸发行业自愿签订了协议，以帮助培育城市废弃物中最大的组成部分——报纸的回收利用市场，而制定强制性规定的只有几个州，况且这些规定也仅限于报纸，并不适用于杂志和其他出版物。

除法律经济手段外，美国有关当局还对公众进行大规模的宣传教育，力争在源头上减少废弃物的产生。以美国最大的城市纽约为例，纽约市卫生局官员与其他政府机构、私人团体合作，发起了多项支持回收利用的项目。例如，对居民在装修住房、搬迁等过程中产生的大量建筑垃圾，政府建议居民将可以利用的旧门窗、旧家具与他人交换，或捐献给慈善机构。纽约市卫生局还设立了物品交换电话服务，通过数据库，免费提供1万多家机构有关捐献、收购、租赁、修理旧货的录音信息。卫生局还与纽约市文化事务局合作，收集废弃办公设备，无偿提供给非营利文化团体组织；鼓励居民举办物品交流日，并为他们出售、交换、捐献自己不需要的物品提供场地。

第四章
美丽地球之永续发展

第一节　全球环境变化下工程的挑战

　　地球是人类赖以生存的家园，对环境变化的关心与重视，是人类智慧的最直接表现。联合国政府间气候变化委员会（IPCC）汇集了全球的多名专家、学者进行共同的研究后得出初步结论：全球环境发生的种种变化，可能就是人类自身行为导致的。目前，这一观点得到了全球越来越多科学家及政府的认可。

　　虽然科学从来不绝对地证明任何事情，但是，关于全球目前或未来环境发生的改变，即全球出现的环境问题，经过科学家不断研究，的确越来越趋向于得出共同的结论。

　　由于世界人口的快速增长，人类生产生活活动的规模越来越大。由于人类使用化石燃料的生产及生活方式等因素，向大气中释放的二氧化碳等温室气体不断增加，导致大气的成分发生了变化。全球气候正在变暖已得到很多科学家的证实。海平面在气候变暖的影响下不断上升，已经是不争的事实。这种势头打破了地球3 000年来海平面大体稳定的情形。如今，延续了千年的平衡已经不复存在了。科学家预测，若任由这种情况延续下去，如果海平面上升0.5米，受风暴威胁的人口数量将是现在的3倍，受灾财产将增加11倍；而如果上升1米，许多科学家认为是人类可以承受的最高海平面升量，到那时，寻常的风暴就会造成可怕的灾难，需要大规模的投资建设防护措施；如果海平面上升2米，将会对沿海地区居民和沿海基础设施造成巨大伤害，全球2%的人口将必须迁居，应对措施成本将高得让人类难以承受。而这些还都是保守的估算。有科学家指出，届时全球海平面将至少上升3～5米，那么，大批城市、能源网络、交通网络就必须易地而建，许多重要的经济区和居住区不得不被遗弃，社会成本将达到天文数字，各国会消耗掉庞大的财政收入，迁居人数将成倍增长，农业也会受到损失，进而对粮食供应的平衡构成威胁，甚至最严重的后果将会出现，所造成的损失会堪比一场世界大战，数亿人口流离失所，政治局面动荡不安，财产损失难以估算，人类文明将发生根本改变。

虽然数据的统计与估算都含有不确定性，但是，全球温室气体排放仍在持续上升却是有目共睹的事实。曾向世人宣告全球气候变暖的"气候学之父"、美国气候学家詹姆斯·汉森就警告说：不能排除百年之后地球海平面上升5米的可能性。世界银行组织对此进行的研究表明，在制定相关防护措施的基础上，海平面上升1～3米应该被认为是一个比较现实的参数，到那时许多岛国将消失，海滨城市将陷入巨大危机。

科学研究表明，臭氧层能吸收太阳的紫外线，保护地球上的生命免遭过量紫外线的伤害，并将能量贮存在上层大气，起到调节气候的作用，但同时臭氧层又是一个很脆弱的大气层，如果进入一些破坏臭氧的气体，它们就会和臭氧发生化学反应，使臭氧层遭到破坏进而消失。臭氧层被破坏，将使地面受到紫外线辐射的强度增加，给地球上的生命带来很大的危害。科学家表示，紫外线辐射能破坏生物蛋白质和基因物质脱氧核糖核酸，造成细胞死亡；使人类皮肤癌发病率增高，同时伤害人的眼睛，导致白内障而使眼睛失明；还会抑制植物，如大豆、瓜类、蔬菜、树木等的生长，并穿透10米深的水层，杀死浮游生物和微生物，从而危及水中生物的食物链和自由氧的来源，影响生态平衡和水体的自净能力。1983年，美国科学家首次在南极上空发现了臭氧空洞，之后逐年扩大，1998年9月空洞的面积达到2 600万～2 700万平方千米，到2000年9月，臭氧空洞的面积达到了创纪录的2 700万～2 800万平方千米，其面积比欧洲大陆面积总和的两倍还大。

如果历数全球环境变化或危机，与气候变暖、地球臭氧层耗损同样危急紧迫的全球环境变化都在逐渐显现出来，而每一种问题，如全球不同区域生物多样性减少、不可再生能源逐渐枯竭、水资源污染等，都与气候变暖一样，会给地球人类的生存和生活带来致命的威胁。

在全球气候变暖，化石能源日渐枯竭，大气、淡水污染严重，森林锐减，土地荒漠化等种种环境变化的现实面前，人类应该如何去面对？人类的各种工程应该何去何从？现代工程中更需要考虑环境因素，无疑是人类必然的选择。

在不可再生能源行将耗尽之际，以该种能源为原料的各种工程将何去何从？无疑，人类必须做出适当的改变与调整。

科学家称之为后石油的时代已经来临。当化石原料行将枯竭，人类的生产生活何以为继？我们生活的模式是否也应该做出根本性的转变？也许从传统的线性经济增长模式转变为可持续性经济发展模式是人类走出困境的唯一出路。

第二节　工程福祉与环境安全

科学家将地球最近一万年的历史赋予了一个全新的名称——全新世，而更将目前我们生活的时期称做"人类世"。全新世开始于一万年前，人类的文明——当前社会的繁荣、富强、发展、进步等所有的一切都发生在全新世当中。在全新世中人类为了更好的生存或生活，不断地建设水利、开垦农田、建造城市，孕育演化成我们所谓的人类文明。与地球的历史相比，人类文明的历史也不过就短短的一万年，但在这短短的历史时期，人类却不断地驱动各种工程，进行了无数的改造、创建，以改变自身的生活，以致对地球产生了诸多的影响，这都发生在全新世的历程中。因此，全新世的历史对于地球和人类都具有十分重要的意义。

人类工程已使地球发生了巨大的改变，虽然这种改变最终会是何种结果还不得

地球的肺与肾——森林与湿地

而知，但是科学家一致认为，地球历史上的全新世似乎已经不复存在，而人类目前所处的时期完全可以用人类世来进行描述。之所以称之为人类世，是由于人类对地球的影响从没有像今天这般如此广泛和显著。可以肯定的是，人类世是一个新纪元，在这个全新的世纪里，人类正在通过各种工程改变着地球，改变着世界，改变着人类的生活。工程改变了人类生活，工程创造了人类文明的历史，这已是不争的事实。科技的不断进步、知识的不断更新、威胁人类健康的种种疾病被克服与遏制、各种建设的传奇与奇迹，等等，都是最好的证明。

但是，人类的这种发展与进步，威胁与改变着地球的自我调节能力，同时，也使人类工程的种种弊端显现出来，地球环境的变化及环境危机都充分地证实了这一点。人类改变了自身生活的同时，也不可避免地改变了地球，于是，环境安全的警钟开始敲响。

科学家指出，8 000年前，地球之上还没有大规模垦荒时，全球森林覆盖面积约为60亿公顷，大约占全球地表面积的40%。而目前，全球的森林覆盖面积只剩下不到36亿公顷，全球每年砍伐林木的面积至少为1 400万公顷，仅1997、1998两年，在亚马孙河流域，就毁林520万公顷。而有人将亚马孙雨林形象地比作"地球之肺"。科学统计，地球上有近1/3的氧气是由亚马孙森林的呼吸产生的。然而，最新的卫星图像分析结果表明，人类对雨林的采伐力度正以年增长40%的速度递增，亚马孙雨林的面积正在迅速萎缩，而这种萎缩正是由于农业需要开垦新的土地作为农田的结果。据统计，短短40年间，亚马孙热带雨林作为世界上最大的雨林已经消失了20%，流域内的热带原始雨林，现在都已经成为大片农田。同时，即使雨林面积已经严重萎缩，但每一年还是会有部分雨林被破坏性地开垦为农业用田地。湿地更是退化萎缩严重。"地球之肺"和"地球之肾"功能正在日益丧失，这意味着会加快全球气候变暖的步伐。

如果将森林改变为农田，这种土地利用方式的改变，必将加剧土壤中碳的释放。科学家预测，森林开垦为农田后，1米深度的土层内的土壤碳损失达到25%～30%，而全球土壤的呼吸作用约为人类使用化石燃料的10倍，可见如此大面积的森林变农田将对大气中二氧化碳的浓度产生多么大的影响。

现代农业中人类对化肥与农药的使用也向自然环境中释放了过多的氮和磷元素。据科学家统计，每年全球大气中有近1.2亿吨的氮被人为地移除，加工并转换成了各种肥料；还有2 000万吨的磷元素被人类从地底下开采出来，也被制成肥料输入农田土壤当中。殊不知，不论是氮还是磷，这些元素最终都会通过径流归向大海，就此会造成海洋的富营养化，海洋中海藻的大量生长繁殖，并且最终形成被人们称

红色大海——赤潮

为赤潮的"死亡海域"。

第三节　循环经济与生态设计

循环经济（Recycle Economy）即物质闭环流动型经济，是指在人、自然资源和科学技术的大系统内，在资源投入、企业生产、产品消费及其废弃的全过程中，把传统的依赖资源消耗的线性增长的经济模式，转变为依靠生态型资源循环来发展的经济模式。

循环经济的思想起源于20世纪60年代，90年代得到广泛的关注和研究。它的基本思想是：通过废弃物或废旧物质循环再生利用来发展经济，同时包括生产和消费过程减少投入，实施清洁生产等内容，其目标是资源投入最少，排放废弃物最少，对环境的危害或破坏最少，产品能具有延续性。

循环经济的本质是物质功能的循环使用，包括在一种与环境和谐的经济发展模式中，物质功能的替代或循环永续利用。这种经济模式需要从对物质流、能量流、信息流等深入研究，物质流是载体，信息流是媒体，能量流是核心，共同构成了循环经济的全部。循环经济要以"减量化、再利用、再循环"为社会经济活动的行为准则，运用生态学规律和经济活动组织成一个"资源→产品→再生资源"的反馈式流程，实现"低开采、高利用、低排放"的最终结果，最大限度地利用进入系统的物质和能量，提高资源利用率，最大限度地减少污染物排放，提升经济运行质量和效益。

"减量化、再利用、再循环"是循环经济最重要的实际操作原则，减量化原则属于输入端方法，旨在减少进入生产和消费过程的物质量，从源头节约资源使用和减少污染物的排放；再利用原则属于过程性方法，目的是提高产品和服务的利用效率，要求产品和包装容器以初始形式多次使用，减少一次用品的污染；再循环原则属于输出端方法，要求物品完成使用功能后重新变成再生资源。

"减量化、再利用、再循环"原则在循环经济中的重要性并不是并列的，循环经济不是简单地通过循环利用实现废弃物资源化，而是强调在优先减少资源消耗和减少废物产生的基础上综合运用循环经济的基本原则，这一原则的优先顺序就是：减量化——再利用——再循环。

一、"斤斤计较"的日本

日本是世界上最早提出和推进"循环经济"并取得显著成效的国家，日本之所以最早提出并发展循环经济，是由其基本国情所决定的。作为一个岛国，日本人口稠密，而资源能源匮乏，第二次世界大战之后的日本因工业化而造成的环境污染严重，惊现了震惊世界的水俣病污染事件，最终迫使日本政府寻找并探索更好的经济发展模式，经过不断的摸索和实践，确定了创建循环经济社会的发展之路。

日本的循环经济战略思想产生于20世纪90年代，1994年12月，日本首次提出在全日本"实现以循环为基础的经济社会体制"的发展战略。1998年，"新千年计划"将构建循环经济确定为21世纪日本社会的发展目标。1998年，《环境白皮书》中将"环境立国"与"贸易立国"及"科技立国"并列为同等的国家发展战略。2005年通过立法，将建立"循环之国"即创立循环型社会确定为国家发展目标。目前，日本的循环经济主要体现在物质循环、能源循环、水循环三个层面。

1. 物质循环

日本作为家用电器的生产与消费大国，每年会产生1 800万台、60万吨以上的"家电垃圾"，这对于国土面积有限，土地资源紧张的日本来说，环境影响的压力极其巨大。因此，在日本，消费者不是将废弃的家电随意丢弃，而是在废弃家电时与家电经销商联系，由家电经销商负责回收，然后统一集中送往由生产厂家出资建设的"废弃家电处理中心"，在那里，将其分拆并按资源类别进行再循环利用。仅此一项，日本每年就可以从中回收10万吨铁、铜、铝等金属及玻璃、塑料等大量可用资源。

日本作为生产汽车的大国，每年报废500万辆以上汽车，日本的《汽车循环法案》规定，汽车厂商有义务回收和再利用废弃车辆。同家电处理方法相同，统一集中进行分拆和再利用。

横滨市北部的一个污泥处理厂，还从污泥中萃取各种有用物质和获取能量，使之变成纸巾、布料、红砖、肥料、隔热材料以及电能，该厂80%的电能就是从污泥中获取的。

2. 能源循环

日本在节约能源方面可以说是全世界的典范。在再生能源利用方面，日本采取了废弃物发电和燃料制造、生物发电和生物热利用、温度差能源等多种形式。日本汽车企业已将氢燃料电池作为未来汽车的主要替代能源，丰田、本田等企业在氢燃料电池的研制方面已经走在了世界的前列。政府更出台各项法律和政策以鼓励地方发展生物能源产业。

3. 水循环

日本将中水广泛用于农田灌溉、城市绿地灌溉、冲洗汽车、冲洗各种卫生设备等诸多方面。为了保证河水在自然循环中的净化能力，日本制定法规规定，只有在河流中的水流量超过河流正常流量的情况下才可以取用河水，以保障河流生态系统的健康。

二、多种多样的循环经济

1. 瑞士——废弃物循环利用居世界领先地位

瑞士是个面积仅为4.1万平方千米、人口700多万人的欧洲小国，但其环境保护堪称世界一流，在对各种废弃物的循环利用方面也处在世界领先地位。

瑞士是首批循环利用塑料瓶的国家之一。目前对使用过的塑料瓶的回收率已达到80%以上，而欧洲其他国家的回收率仅为20%～40%，因而瑞士对废塑料瓶的回收率和处理加工水平均在世界名列前茅。

十多年来，塑料瓶迅速进入瑞士消费者家庭，逐渐取代玻璃瓶，因此回收废塑料瓶成了社会生活中的一个新课题。瑞士全国设有1.5万个收集塑料瓶的中心。据统计，现在瑞士平均每个居民每年送往收集中心的塑料瓶达100个。

瑞士政府明文规定，企业只有在使废弃的塑料瓶回收率达到75%的情况下才能获准广泛生产与使用塑料瓶。为了资助收集、分拣和循环利用塑料瓶，政府实施对每个塑料瓶增加4个生丁（约合0.24元人民币）的税收，所获资金由一个回收塑料瓶的非营利机构管理，作为回收废塑料瓶的专用基金。该机构还经常组织向开发商和消费者宣传回收塑料瓶的活动。

瑞士在原有4个塑料瓶处理厂的基础上，又在沃州新建了一个大型现代化处理厂，具有每小时分拣和压扁15万个塑料瓶的能力，将不同颜色的塑料瓶分类处理成新的塑料制品材料。

瑞士也十分重视循环利用罐头盒。全国各地设有4 000余个回收箱，每年回收废罐头盒1.2万吨以上，平均每人1.7千克。回收来的罐头盒经加工厂处理后用于制作锅、工具、管子，甚至汽车外壳等金属产品，既节省了原料和能源，也减少了空气污染，保护了生态环境。

瑞士同样采取措施回收废电池，联邦环境局专门设有负责回收废电池与蓄电池的机构。在瑞士居住的人不得随意丢弃废电池，也不能混同其他垃圾一起丢弃，必须投入专用的回收箱，或集中起来交给物业管理人员处理。据报道，瑞士每年销售约3 800吨干电池，2003年对废电池的回收率为64%，政府当局的目标是使废电池的回收率达到80%以上。

手机大量使用且更新换代非常快，瑞士全国每年约有150万部手机被淘汰。沃州的手机进出口公司"Idris"首先提出了对每部旧手机支付5瑞士法郎（约合30元人民币）进行收购的设想。瑞士在2003年底正式成立了回收旧手机的专门机构，并在全国8 000余个邮局开设了收购旧手机的业务。在不足3个月的时间里，全瑞士就收购了5 000多部旧手机，其中近2/3的手机还完全可以使用，只不过款式和功能有点过时罢了。

回收到的旧手机集中送往设在日内瓦的一个专门工厂进行检测、分拣和处理。工厂把完全可以使用的或只需换某些零件就能使用的手机同已不能使用的手机分开，将完全好的手机和修理好的手机送到"Idris"公司，然后运往非洲、中东、亚洲、拉美等一些发展中国家的市场销售。由于旧手机价格便宜，很受当地消费者的欢迎。与此同时，工厂把报废的手机拆开，取出可利用的零部件，对其他废弃物进行科学、合理的处理。

2. 以色列——惜水如金的国度

以色列地形南北狭长，犹如楔形。每年雨季为11月至来年3月，漫长的炎热夏季几乎滴雨不下。平均年降水量北部最多，为800毫米，南部最少，为25毫米。水资源集中在北部和中部，但是农田却主要分布在东部和干旱的南部，因此"北水南调"就成为以色列不得已而为之的选择。

政府投资兴建的"北水南调"工程"国家供水系统"于1964年投入使用，每年从北部加利利湖向南部纳盖夫干旱地区输送4亿吨水。该系统由地下管道、水渠、隧道和过渡水坝组成。为了让水南流，得用水泵将海平面以下220米的加利利湖水提升到海平面以上152米。

国家供水系统不仅仅是"北水南调"，而且还在冬季和春季北部雨水充沛时将多余的水输往东部地中海濒海区，注入地下蓄水层，以防海水因地下水位下降而倒灌。如果把国家供水系统比作大动脉的话，那么与国家供水系统相接的全国各地的小型供水系统就好比毛细血管，彼此连通，形成一个四通八达的网络，水资源委员会因此可以根据需要调拨用水。

以色列几十年来开发的节约用水技术层出不穷，农业用滴灌技术是其杰作。实践证明，应用滴灌技术有以下好处：①水可直接输送到农作物根部，比喷灌节水20%；②在坡度较大的耕地应用滴灌不会加剧水土流失；③从地下抽取的含盐浓度高的咸水或经污水处理后的净化水（比淡水含盐浓度高）可以用于滴灌，但不会造成土壤盐碱化。目前的滴灌技术还用上了自动阀和计算机控制技术。以色列化肥制造商也千方百计地开发出了可溶于水的产品，因此施肥可与滴灌同时进行，既提高了生产效率，也节约了成本，使滴灌技术趋于完善。

以色列研究人员还开发了慢速滴灌技术，让农作物根系交替"喝水"和"喘息"。据说，这不仅能进一步节水，而且还迎合了农作物生长的"生理"需要。由于农业节水技术不断进步，以色列建国60多年来，农业灌溉用水从8 000吨/公顷下降到5 000吨/公顷，可耕地面积增加了近180万公顷。

另外，在增加水资源方面，以色列加大了对污水处理和海水淡化工程的投入，并于20世纪90年代中期制定了一系列水资源十年规划，包括兴建一座年产淡水4亿吨的海水淡化处理厂和年产能力达5亿吨净化水的污水处理厂。以色列的设想是，未来农业灌溉全部使用污水再处理后的循环水。

以色列在污水处理技术方面同样独树一帜。研究人员开发出的"土壤蓄水层处理"技术，即污水经处理后再通过土壤注回蓄水层，让土壤和沙层起到净化过滤的作用。实践证明，经这种技术处理后的水接近淡水的质量，可以放心地用于农业灌溉。以色列人口稠密区已经用上了这种技术，每年大约可获得1亿吨净化水。

3. 韩国——废弃物从限排到再利用

韩国资源有限，建立资源节约型环境产业为当务之急。韩国政府和民间自2000—2005年间投资80亿韩元，普及太阳能高效造氧技术，以替代化石能源，减少温室效应。垃圾也是再生能源的来源之一。韩国在首尔的金浦首都圈垃圾填埋场建设了一座50兆瓦的沼气发电厂，其发电量可供1.5万户居民家庭使用。在取得建设这座发电厂经验的基础上，各地方政府陆续扩大垃圾填埋场的规模，建设沼气发电厂。

早在1992年，韩国便开始实施"废弃物预付金制度"，即生产单位依据其产品出库数量，按比例向政府预付一定数量的资金，根据其最终废弃资源的情况，再返回部分预付资金。政府各生产单位返还资金的比例一般在40%～50%之间，其余资金用于环保建设。"废弃物预付金制度"对控制废弃物和污染物的排放发挥了作用，但同时带来了诸多弊病，如地方政府将预付金作为税收收取等。

从2002年起，韩国将"废弃物预付金制度"改为"废弃物再利用责任制"，即从限制排污改为废弃资源的再利用。韩国政府制定的"废弃物再利用责任制"规定，家用电器、轮胎、润滑油、日光灯、电池、纸袋、塑料包装材料、金属罐头盒、玻璃瓶等18种废旧产品须由生产单位负责回收和循环利用。2004年和2005年，食品盒、方便面泡沫塑料碗、合成树脂、外包装材料等先后实施"废弃物再利用责任制"。如果生产者回收和循环利用的废旧产品达不到一定比例，政府将对相关企业课以罚款，罚款比例是回收处理费的1.15～1.3倍。例如，空瓶的回收比例必须达到80%以上。"废弃物再利用责任制"对减少废弃物的排放，促进废弃物的循环利用起到了积极作用。

生产单位在实施"废弃物再利用责任制"时，采用三种形式回收和处理废弃物。第一种形式是生产单位自行回收和处理废弃物，回收处理费用自行担负，废弃物循环利用的效益自享。第二种形式为"生产者再利用实业共济组合"，也就是交由回收处理废弃物的合作社负责。生产者将废弃物回收处理的责任转移给合作社，依据废弃物的品种，论重量交纳分担金。第三种形式是生产单位与废弃物再利用企业签订委托合同，按废弃物的数量交纳委托金，由后者负责废弃物的回收和处理。目前，韩国回收处理废弃物的合作社有11家，遍布全国各地。80%～90%的生产单位采用第二种形式回收和处理废弃物。

同时，韩国成立了一家名为"资源再生公社"的公营企业，专门负责管理和监督"废弃物再利用责任制"的实施。"资源再生公社"依据有关管理章程，通过抽查和现场调查等形式，堵塞废弃物循环使用中的漏洞。如果生产企业违反"废弃物再利用责任制"，将被课以最高100万韩元的罚款。自从设立"资源再生公社"并实施管理监督以来，韩国废弃物品循环利用率提高了5%～6%。

第四节　工程师的环境社会责任

举一个较为简单的例子，假如一个石化公司新上任的工程师，在检查过去公司的管理运行记录时，意外地发现丢失了将近有1吨的化学半成品，同时在进行公司设备的管道测试过程中，对管道进行试压后，发现有一个运行管道腐蚀严重，化学品正在从缺口向地下泄漏，丢失的1吨化学品极有可能就是从这个管道缺口流失的，在止漏处理后，公司又挖了一口观测井。结果发现那些化学品正以垂直羽状逐渐向地下深处的蓄水层扩散。由于管理者认为并没有对公司之外的地表水和地下水造成污染，因此决定不做任何处理，也未对公众公开此事。对采样井的最新监测结果表明，在离地表100米深处的地下水某处，这种羽状污染仍然存在，并正在缓慢地向蓄水层扩散。

此时工程师是否有责任和义务向公众及政府报告这一事件呢？无疑，这涉及工程师的环境社会责任。

地球上的每个人都对人类之外的自然界及其相对人类需求的价值有着自己的认识和理解，或者说是有着自己的倾向和道德信仰。传统的社会伦理侧重围绕试图解决人应当如何对待他人的问题，自然仅仅被理解成或当做人类的资源库，人们只专注于自然对人类福利的作用，权利、公正等伦理观，很少真正地被用于动物、植物、景观或其他自然客体。

随着地球环境的日趋恶化，工程决策不仅影响人类环境，而且影响着非人类环境，而通常工程师是工程中唯一具备潜在的环境危害知识并能唤起公众注意的职业权威性的人，从这一角度看，这赋予了工程师更多的环境责任。在上面的案例中，如果工程师能够凭着真诚的环境伦理思想，及时坚定地反对这种做法，这种对环境的污染危害就会得到及时的制止，对环境的不良影响也许可以得到弥补或缓解。但是，问题的关键也许在于，当公司的利益与环境影响的后果发生矛盾时，同时，工程师作为公司的雇员，他的某种行为或决策很快就涉及自身利益的时候，工程师又应该或能够做出什么样的决策呢？这种决定的作出可能就会非常艰难。从这个角度可以看出，工程师能够同时服务于人类与自然的重要性。

在工程设计方面也是一样，任何伦理立场都要求作出假设，而且能够从各种角度对它们进行审评。同时，工程师应该不是仅仅拘泥于伦理立场的人，因为在我们看来，目前还不存在一种完整、完美的伦理理论。工程师具备一定的环境伦理，就其有助于人类和自然其他部分的繁荣来说，都是必要的和不可或缺的。

这种必要性在很多方面都可以得到证明，无论我们认为自己是地球的一分子还是它的主人，或者认为生物与自然都有正当生存的权利，或者认为生态系统具有其内在的价值，或者认为我们应当关心和养育万物，或者认为为了子孙后代我们必须保护自然系统，等等。

无疑，在关心和保护我们的星球方面，工程师占据有重大影响的独特位置，他们对环境伦理的理解和评价具有重要意义，今天和未来的进步与发展都必须利用工程技术，这是不争的事实。在工程中，也许并不一定要请其他专家例如社会学家、哲学家、流行病学家，等等，但工程师是不可缺少的。

因此，工程师有责任在他们的职业角色中尽可能多地考虑替代方案、概念和不同的价值观，把环境伦理融进工程之中，这是工程发展的必然趋势和方向。

在很多时候，有关工程的决策或设计仅仅服从于公众的评论和环境的监督是不够的。例如一项工程如果需要淹没一片沼泽湿地，而毁坏这片湿地将可能导致破坏某些鸟类的栖息地，进而完全破坏这片土地的生态系统，仅仅凭借环境影响报告中罗列出的工程正反两方面的环境影响预测，以及其他不同的可选方案，有可能这一工程项目就会得不到及时的终止或调整。由谁来做出判断，又将如何做出判断？通常，做出一项工程的正面影响是很容易的事情，只要估算一下财产或其他经济利益的增加就可以轻易地得出结论。但是，对于负面影响，尤其是关于环境破坏的影响，则非常难以用经济学术语有效量化。环境科学中虽然也正在或已经引入了一些使用经济学计算环境影响的方法，但是在计算时由于涉及的因素过多，经常在定量与定性之间徘徊，一不小心又会陷入人类中心主义的陷阱之中。而工程师则希望环境影响评价或报告能够明确定量化，以便于做出一个清晰的判断。

在现实中，尽管环境影响报告可能描述了对环境的严重危害，而且也得到了多数人的理解和认可，但是仍然可能无法保证这类项目就会被取消或得到纠正，报告本身并不能自动阻止或改变一项工程，这种决定权经常会留给政治程序或既得利益者。

工程师作为雇员不是按照雇用他们的社会命令去做的吗？果真如此将是很大的悲哀。事实是工程师的作用和影响确实是显而易见的，不论是地方还是在世界范围内，工程师的工作都在不同的方面做出表面上"微不足道"的决定，而这些决定都在影响着人们。例如，一条高速公路的路线安排正好跨过一条河流，而这条河流可能正是某种濒危植物的理想栖息地，一旦工程启动，所造成的生态破坏就会难于逆转，这时，工程师的判断和工程决策就会影响很多人，会对最终的工程决策产生影响。同时，也许工程师早就应当在项目计划定稿之前，将环境关注引入到项目的综合计划及考虑之中。

在工程的环境影响危及现代人类的生存或生活，或危及生态系统的安全时，我们能够做出某种正确的判断和决策。但是，当我们面对未来时，这种判断与决策也许就会变得愈发的艰难。尽管我们不知道未来人们对幸福生活的某些具体观念，但是可以肯定的是，任何人都会倾向于要求伦理或法规建立在平等的基础上，这正如一个人不应当将他的债务留给别人来偿还、不论是国家间还是地区之间或是国家内部不应当不公平地分配自然资源。如果作为当代人的我们污染了大气，大气中永久性的致癌物质和诱导人体突变的物质数目由于我们的原因在不断地增长，那么，这种行为实际上完全可以理解为，我们正在把后代人作为现代人实现目标的手段，以及把我们的债务留给子孙后代去偿还。同样，如果现代人对那些没有替代物的不可更新资源进行掠夺性开采和无节制的使用，那么这种行为也等于在明显地违反公平分配的原则。不论出于对现实的权衡还是对未来的考虑，我们都没有权利放任自身的某些行为在道德上的不公正，我们也有义务和责任不让子孙后代"幸福生活"的选择权被今天的人类预先占用。

这就是现代社会中工程师应该追求的环境社会责任或者是环境伦理，工程师的这种社会责任将会对工程的设计乃至决策产生至关重要的影响，进而延伸至整个社会。也许，工程师在计划设计美好工程的同时，还需要考虑如何能使这种生活得到延续与维持，还需要想到我们这个美丽的星球上的文明是否以及如何能够得到延续。

第五节　永续发展——绿色未来不是梦

工程是人类智慧的结晶，是科学进步的硕果。人类为了更加美好的生活，一直在做着不懈的努力，同时，人类也已经明白，人类的追求不能超越地球自然资源承受的极限。工程作为人类文明进步的发动机，未来一定会推动人类文明的车轮滚滚向前，进而创造更加辉煌灿烂的人类文明。

一、生态城市

生态城市概念是联合国教科文组织（UNESCO）发起的"人与生物圈"计划研究中提出的，是代表一定地域空间内人与自然系统和谐、持续发展的城市类型的高级阶段、高级形式。具体地说，生态城市是全球或区域生态系统中，分享公平承载系统份额的可持续发展子系统，是基于生态学原则建立的自然和谐、社会公平和经济高效的复合系统，更是具有自身人文特色的自然与人工协调、人与人之间和谐的理想人居环境。一个城市不管多么贫穷或富有，只要能高效利用资源，在系统内部及外部建立和谐的生态关系，城市拥有充沛的活力，这个城市就处于健康状态，就是生态城市。生态城市建设和发展要充分融合社会、文化、经济等诸多因素，以达到人与人、人与自然、自然与自然的充分和谐。根据现代化进程，生态城市可以分为工业型生态城市、人文型生态城市。

生态城市是一种理想城市——自然、技术、人文充分融合，物质、能量、信息高效利用，人的创造力和生产力得到最大限度的发挥，居民的身心健康和环境质量得到保护，建立生态、高效、和谐的人类聚居新环境。生态城市的五项原则是：生态保护、生态基础支持设施、保证居民生活标准、历史文化的保护、将自然融入城市。

生态城市的生态二字本意有"人与自然和谐共生的美好家园"的含义。因此，生态城市可定义为基本结构和功能符合生态学原理，社会-经济-资源-环境复合生态系统良性运行，社会、经济、资源、环境协调发展，物质、能量、信息高度开放和高效利用，居民安居乐业的城市。简单地说，生态城市是一种经济高效、环境宜人、社会和谐的人类居住区。城市中可持续发展社区是生态城市的一个重要组成单元。

在生态城市中建立新的循环经济伦理体系，如绿色消费，包括绿色产品、物资的回收利用、能源的有效使用、对生存环境和物种的保护等。其不仅应涵盖生产过程，还应和生活消费过程息息相关。要树立绿色消费观和价值观，建立新的循环经济伦理体系，必须从两个方面着手：一是在法律上，通过颁布一系列的法令、法规来强制规范人们的行为，如加大罚款力度和强制实施ISO14000等措施；二是在日常生活中，通过加强"道德""意识"方面的宣传和社会舆论来规范人们的行为，使人们充分意识到环境和资源对可持续发展的制约，以及循环经济模式对中国可持续发展的重要性。目前，中国大多数消费者已经逐步认识到，环境的破坏必将危及人类的生存，所以带有"环保标志"的产品和绿色食品受到公众的欢迎。

生态城市推行住宅生态化。进入21世纪后，购房和装修成为人们的主要消费之一。生态住宅作为一个新兴的概念，也随着房地产热和经济发展渐入人心。生态住宅应符合以下三大主题，即以人为本，健康舒适；资源的节约与再利用；与周围生态环境的相协调与融合，以达到人与自然和谐居住环境。生态住宅主要着眼于城市居住环境的系统化、生态化、经济化和人性化，使生态、经济、社会协调统一。在住房和城乡建设部发布的《绿色生态居住区建设要点与技术导则》的征求稿意见中，对能源、燃气的优化，室内外公用场所等环节都有相应的规定。

1. 可持续发展社区

人类中心主义的传统发展观认为：人类是自然界的主人和统治者，为了满足人类的需要，征服和改造自然成为必然，自然界成为人类任意征服的对象。

德国社会学家滕尼斯指出：社区是指那些有着相同价值取向、人口同质性较强的社会共同体。社区是由自然意愿结合而成的，建立在人们直接的关系、习惯、传统和宗教之上，人们之间有着亲密的、面对面的接触，能够强烈感受到群体的团结并受传统的约束，血缘、邻里和朋友的关系是社区的主要纽带。

社会学家齐美尔则认为：社区是社会和社会制度的最小单位。

需要指出的是，近年来有一种趋势，把具有一定同质性和地域范围的空间都称为社区，于是出现了商业社区、工业社区、金融社区、网络虚拟社区等很多概念。我们认为所有概念的内涵和外延都应该是适度的，还是应该将居住功能主导作为社区的基本特征。社区的概念不应偏离这个主要线索。

社区作为人类社会最基本的单位，在人类基本行为、行动方面扮演着极其重要的角色，同时，仅仅凭借政策和法规、法律去实现环境的维护与改变可能难以深入，而社区应该是实现和改变人类种种不良行为的最现实、最直接的切入点。

做到每个人对环境的关爱，既是人类社会发展的需要，也是人类文明发展的必然趋势。而在社区内实现对环境保护的认识，进而行动起来正是实现社会进步的基础。

可持续发展的核心，在于正确辨识人与自然和人与人之间的关系，要求人类以最高的智力水准与责任感，去规范自己的行为，创造和谐的世界。人与自然协同进化，人与人和谐共济，平等发展，利己与利他要相互平衡，当代与后代人要做到公正延续，自利互助要做到公信，自律互律要相互制约。

可持续发展的主导思想和基本内涵是一致的，但落实到不同尺度的空间范畴上，又会衍生出各具特色的内涵。关于国家、地区和城市等较宏观尺度的可持续发展研究已经逐渐展开、深入，而关于社区可持续发展的内涵与原则研究则处在起步和探索阶段。

目前，对可持续发展和社区的研究通常是同步进行的。在社区的范围内，可持续发展已不再是一个泛泛而谈的大问题，而是切实改善人们生活的实际问题，这时可持续社区的概念越来越多地出现。

在可持续的思想中，必须随着时间一直延续经济的增长和发展，但是，经济的发展肯定会受到生态学的限制，这包括人与其工作之间的关系，生物圈以及支配生物圈运转的物理和化学定律。

而不论是现在还是将来，社区的发展均是由其居民来支持的。在一些地区，通过特殊的自然、文化和精神的结合，促使人们越来越关心自己的社区，因此，这些地区就产生了推行可持续发展的必要性和机会。

可持续发展社区是需要长期和综合的努力的，它应该通过共同的地域经济、环境和社会事务的综合发展，来实现健康的社区建设。

可持续社区将为社区居民提供高质量的生活，经济将极具活力，环境健康，可持续发展社区是有能力长期保持健康繁荣的社区。

经济事务方面包括好的工作、高薪水、商务稳定、适当的科学技术的发展与应用、商业发达；环境事务方面包括保护人与环境健康社区应该有的健康的生态习惯，减少或消除水污染、大气污染和土地污染，提供绿色空间和公园给野生动物和人的休闲活动或其他用途，追求生态自净，保护生物多样性；社会事务方面包括教育、控制犯罪、人权平等、城市内部问题、社区建设、文化精神、环境公正等。这三个方面互为牵制、互为影响，不能孤立考虑。

首先，可持续发展社区应该是人类生态系统较为理想的结构以及建成环境与自然环境较佳的结合，而且更倾向于综合成本与环境负荷的最佳组合。其次，对于不同的社区，其资源利用方式和环境负荷具有很大的差异性，可持续社区应该是技术与不同文化模式及其相应的生产力水平的最佳组合，形成各自独特的生态文化。再者，社区系统是自然生态系统中的一个小的人工生态系统，小型生态系统的内部自给自足一定会需要从外部吸纳、储备足够的能量，所以，它是建立在外部经济基础之上的，因此，可持续社区应该削减系统的外部不经济性，从整体环境效益的经济性出发，尽可能达到系统内外的平衡。

可持续发展社区应有的责任包括以下几方面：

（1）参与环境公共政策的实施和调整改进，通过宣传和鼓励使社区居民提高环境素质，并承担更多的环境责任。

（2）改善危害公众健康的环境，依照可持续发展的经济战略，建立健康的人与健康的生态生活系统。

（3）社区居民应该能够承担起改善自己生活的责任，并努力与政府及企业共同为改善自身周边环境而努力，努力提高社区的整体管理效率。

（4）通过解决环境问题（社区对自身环境的了解是最直接与直观的，也许问题并不在于了解，而在于居民环境素质的提高的基础上，环境意识的进步）从而加强民间社会和经济的繁荣。

（5）通过社区这样的社会基本单位中人们环境意识的进步与提高，促使居民生活方式和生活理念的进步与改进是最有效的途径和方式。

既然居民生活对环境的影响至关重要，作为解决环境问题、改善环境的理想，零排放就是一个终极目标。可持续社区应该成为实现这一美好目标的有效途径。

2. 零排放社区

零排放社区，就其内容而言，一方面是要控制生产或生活过程中不得已产生的废弃物排放，将其减少到零；另一方面是将不得已排放的废弃物充分利用，最终消灭不可再生资源和能源的存在。就其过程来讲，是指将一种产业生产过程中排放的废弃物变为另一种产业的原料或燃料，通过循环利用使相关产业形成产业生态系统。从技术角度讲，在产业生产过程中，能量、能源、资源的转化都遵循一定的自然规律，资源转化为各种能量、各种能量相互转化、原材料转化为产品，都不可能实现100％的转化，根据能量守恒定律和物质不灭定律，其损失的部分最终以水、气、声、热等形式排入环境。

英国贝丁顿能源发展生态社区是较早的二氧化碳零排放社区之一。贝丁顿生态社区位于英国伦敦南部，距市中心20分钟车程，是英国最大的生态小区。2002年建成以来蜚声世界，是公认的全球范围内最成功的可再生能源建筑及可持续社区的典范，也是人类生态工程建筑上的最新成果，它融合了最新的环境科学、生态科学、建筑科学等各种科学技术，创建了一个零排放的生态伊甸园。英国是一个纬度偏高的岛国，冬季寒冷漫长，全年有一半时间都为采暖期。为了使整个社区排放的二氧化碳为零，社区的设计与建设进行了全面的生态考虑，在能源的消耗方面，社区均选用高隔热、高保温性能的建筑材料，所有房屋都采用高质量的绝缘材料，房屋的墙壁50厘米厚，保证了建筑内部吸收的热量在5天内都不会散失。每一个住宅单元都有一个玻璃阳光房，窗户的玻璃设计成三层，玻璃材料采用双层低辐射高透明度的真空玻璃，玻璃窗打开后就成为敞开式阳台，有利于散发夏日里灼热阳光带来的热量，关闭阳光房的玻璃窗又可以充分吸收冬季阳光中的热量。屋顶花园覆盖栽种的植物是一种名为"景天"的半肉质植物，不仅有助于尽可能多地吸收热量，防止

生态社区

冬季室内热量散失，夏季又能够起到隔热降温的作用，同时，这种植物又具有极强的吸收二氧化碳、净化空气的能力。

在贝丁顿，建筑内的温度调适均由太阳能和风力驱动的吸收式制冷风帽系统提供，电力则通过太阳能发电板和生物能热电联产系统获得。为了减少二氧化碳排放，太阳能热水驱动的溶液除湿制冷系统能够为进入室内的空气降温除湿，同时灵活转动的22个风帽则驱动室内通风和热回收。社区内所有的废弃物都进入生物能热电系统，该系统将食品废弃物和有机质混合，通过生物降解过程产生电和热，经过处理的物质最后还可作为生物肥使用，为社区的各种植物提供生物质肥料。社区还采用雨水收集处理系统最大效率地减少水资源的流失和污染，所收集的雨水大于社

区需要消耗的水资源量，社区生活中用雨水冲洗马桶、浇灌花草，水龙头里流出的是经过净化后用太阳能加热的纯净的饮用水，生活废水也经过生态湿地和温室等的净化之后，才排入邻近的河川之中，厨房生活用的沼气是食物残渣在地下发酵产生的。社区巧妙地利用循环使

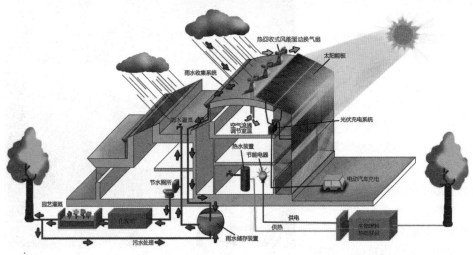

永续、零碳社区贝丁顿

用各种能源，甚至居住者身体散发的热量都被精准地收集起来并充分地加以利用，社区所有的动力都由可再生资源产生，并能够满足居住者的所有生活所需，整个社区在生活过程中能做到不向大气环境释放任何二氧化碳。

贝丁顿社区的设计理念紧紧围绕"永续、零碳"展开，社区设计团队的领袖，毕业于英国爱丁堡大学的建筑师登斯特先生这样介绍贝丁顿生态社区："仅把贝丁顿只当成零耗能、无碳排放社区，未免太小看我们了，贝丁顿是一个全方位永续发展社区，它兼顾经济、环境和社会正义，是将高科技和生态的设计结合在一起的产物。我们创造的是一个全新的生活模式，设计创造的是一个高生活品质、低耗能、零碳排放、可再生能源、零废弃物、生物多样性的、全新的人类居住生活地。"

3. 循环经济生态城市

最新研究表明，生态城市应是资源高效利用、环境和谐、发展持续的社会-自然-经济以及人与自然和谐统一的人类居住区，而良好的生态城市规划是生态城市建设的重要保障。1984年，联合国在其"人与生物圈"报告中提出了生态城市规划的五大原则，其实也就是建立循环经济生态城市的五大条件。第一，生态保护战略。就是把整个生态城市建设成为田园城市、花园城市、森林城市、理想城市、健康城市、无污染城市、绿色城市和风景城市的综合体。第二，生态基础设施。生态基础设施可以包括污染净化处理设施、能源基础设施、资源基础设施、交通基础设施、市政服务体系、社会基础设施等。第三，居民的生活标准。良好的自然生态系统、较低的环境污染、良好的城市绿化、完善的资源利用体系、舒适清洁的环境、齐全的区域生态格局、良好的城市生态基础、可恢复的生态系统。第四，文化历史的保护。就是要建立一个高素质的社会人文生态文明体系，把古老的文化和现代文明结合起来。第五，将自然融入城市。在发展高效增长的城市经济体系中，优化投入产出的生产系统，布置合理的经济产业格局，发展绿色产业体系，不会因为城市发展而破坏环境。

虽然人们都认为生态城市不同于以往"绿色城市""健康城市"，但是在实际建设中，却大多偏重于自然生态系统和整齐划一的城市规划，没有以循环经济模式来估量生态城市的系统，即包含基础设施、农业、工业、人文、消费等各方面的设置。要建立好一座循环经济生态城市，其应遵循的原则和步骤是：首先减少进入生产和消费体系的物质消耗量；其次，通过精良的售后服务等手段延长产品的使用时间和服务时间；最后，通过工业净化等人为或自然净化的手段来将废弃物重新变成资源后再次循环利用。经过循环经济的实施，就可以将工业废料或半成品用于农业，把净化后的城市废水用于农业灌溉，把种养的动植物作为工业原料、消费产

生态城市与生态建筑

品，从而将工业、农业、消费连接成为大的循环圈。

　　据研究统计，美国20世纪90年代，用于环保的投资额就占工业总产值的12%；英国电力公司计划耗用70亿美元的防治费用以达到欧共体SO_2排放指标；我国每年用于改善环境的经费高达2 830亿元。建立循环经济生态城市所产生的费用和效益必然是各大中型企业考虑的问题，所以在传统的会计核算体系中应增加补充考虑绿色资产、社会成本、环境成本、绿色利润等诸多问题，特别是在编制会计报表中，应重点突出绿色会计的核算资料，充分披露绿色会计信息。在报表附注、财务状况说明书中还应客观揭示企业生产活动所消耗的资源、环境污染的程度及所造成的社会责任成本、罚款等情况。

　　总之，循环经济生态城市的建设将有助于人类利用有限的资源，有利于协调人类与环境之间的和谐关系，符合经济发展的需求，对人类社会的可持续发展提供了关键性的保证，也是未来社会发展前进的目标。

二、生态工业

20世纪80年代末，生态工业园随着产业生态学的发展而迅速发展起来，生态工业园是一种新型的工业发展模式，是产业共生的重要实现形式。目前，生态工业园已成为许多国家产业发展战略的一个重要组成部分，并对经济发展起着积极的推动作用。

生态工业园是依据循环经济理论和产业生态学原理设计而成的一种新型工业组织形态，是生态工业的聚集场所。通过园区内外的资源共享、废物交换、能量梯级利用等手段，建立工业生态系统的"食物链"和"食物网"，最终实现园区内污染物的"零排放"。

1. 生态工业园

生态工业园与传统园区相比有着很大的区别，其规划设计融入了一些生态学的原则。

（1）与自然和谐共存原则：园区应与区域自然生态系统相结合，保持尽可能多的生态功能。对于现有工业园，按照可持续发展的要求进行产业结构调整和传统产业的技术改造，大幅提高资源利用效率，减少污染物产生。新建园区的选址应充分考虑当地的生态环境容量，调整列入生态敏感区的工业企业，最大限度地降低园区对局地景观、水文背景和区域生态系统造成的影响。

（2）生态效率原则：在园区布局、基础设施建设、建筑物构造和工业生产过程中，应全面考虑循环经济和清洁生产的要求，尽可能降低各企业的资源消耗和废物产生；通过各企业或单元间的副产品交换，降低园区总的物耗、水耗和能耗；通过物料替代、工艺革新，减少有毒有害物质的使用和排放；在建筑材料选择、能源使用以及产品服务中，鼓励采用可再生资源和可重复利用资源。

（3）综合统筹原则：把握园区建设的积极有利因素，削减各种不利的影响因素，协调企业、市场、政府和社区等各方面力量，增加生态工业园区的生命力、竞争力。

（4）生命周期原则：要加强原材料入园前以及产品、废物出园后的生命周期管理，最大限度地降低产品整个生命周期的环境影响。鼓励资源、能源消耗低的产品和服务；鼓励环境无害或少害的产品和服务；鼓励可以实现再循环、再使用的产品和服务。

（5）区域发展原则：尽可能将园区与社区发展和地方特色经济相结合，将园区建设与区域生态环境综合整治相结合。通过培训和教育计划、工业开发、住房建设、社区建设等，加强园区与社区间的联系。此外，要将园区规划纳入当地的社会经济发展规划，要使园区的环境管理与区域环境保护规划方案相协调。

（6）高科技、高效益原则：大力采用现代生物技术、生态技术、节能技术、节水技术、再循环技术和信息技术，采纳国际先进的生产过程管理和环境管理标准，要求经济效益和环境效益实现最佳平衡，实现"双赢"。

（7）软硬件并重原则：硬件指具体工程项目（工业设施、基础设施、服务设施）的建设；软件包括园区环境管理体系的建立、信息支持系统的建设、优惠政策的制定等。园区建设必须突出关键工程项目，突出企业间工业生态链建设，同时必须建立和完善软件建设，使园区能够实现持续发展。

2.绿色工业园：银星工业园的生态实践

位于深圳市的银星工业园是一家以建设国内一流生态工业示范园区为目标，以发展循环经济为己任的民营科技工业园。建园4年来，园区先后投资3 000余万元用于生态项目建设和相关技术和设备的引进，近期又完成循环经济项目投资2 430万元，成为宝安发展循环经济的示范工业园区。

绿色建设是该工业园首要的建园理念，建设者不仅在园区内和建筑屋顶大量栽种饱水量小、吸尘性能高的绿色植物，而且园内所有建筑均采用低能耗、无污染、高性能的再生建筑材料，同时使用太阳能集热、隔热漆、隔热膜等以减少能耗。仅绿色建设一项，每年即可为工业园节省用电约40万度，节省电费约24万元。

工业园内的100多盏路灯全部采用太阳能照明，仅此一项即可年节约用电约10万度。在生态化园区建设方面，银星工业园可谓不遗余力，其全部采用国内最先进的技术，比如太阳能集热和照明技术就是采用清华阳光能源开发公司的国家专利技术。又比如屋顶隔热防晒漆采用的是茂名先达公司提供的高科技专利产品。该产品采用填补我国软材料隔热空白的太空隔热材料研制而成，盛夏时节能使室内温度降低5摄氏度左右。中水回用技术由清华长三角研究院生态环境研究所提供，该技术将雨水和中水处理后分级使用，纯净水用于员工饮用、厨房餐厅；清洗水用于员工洗浴、车辆和建筑物清洗；灌溉水用于园区草坪、树木等景观园艺；去离子水则送往电子产品的生产线。

银星工业园为发展循环经济，目前正在深化与多所高校、科研机构的战略合作，构建以替代技术、再利用技术、废弃物无害化处理技术、资源化技术和系统化技术为重点的循环经济技术支撑体系，开发降低能耗和物耗的新工艺，不断应用节能节水节材新技术。

　　银星工业园在建园之初即建设了一个废品处理厂，负责园区内各企业间副产品交换与废旧物资的回收、加工和再利用。目前，该废品处理厂开发生产的再生纸品、再生塑胶料、再生硒鼓已在市场推广使用。即使是一些无法再利用的生活垃圾，也不是简单地填埋处理，而是采取更加环保的方式——送垃圾发电厂焚烧发电。

　　园区内的银星电力电子有限公司是深圳市高新技术企业，主要生产输变电设备，其电阻片及避雷器制造技术获11项国家专利，产品从研发到生产，所使用的原材料均进行严格评审，并将环境因素纳入到设计和服务中。为了减少对环境的污染，改善工作条件和提高生产效益，银星电力大力推行清洁生产工作，先后提出了7个清洁生产方案，并贯彻边审边改原则，已实施了三个无费、低费方案，每月可节省原材料和能耗费用10余万元。除在技术上响应循环经济要求外，银星电力还针对深圳用电紧张的局面，采取尽量少用峰电，多用谷电的错峰用电方案，此方案可节省电费15％；限定空调使用温度为27℃；采用OA办公软件，减少办公用纸90％以上；将原有的木制箱改为可反复使用的纸箱，每年节约木材约200吨。

　　此外，银星工业园还不断强化员工的环保和节能意识，定期开展环保和循环经济等知识讲座，向员工发放环保宣传手册，组织员工参加各项环保公益活动，鼓励员工节水节电等。

　　园区内循环经济的实现依赖于企业建立物、能交换联系，在园内完成再生资源回收与再生资源利用两大循环链。同时采取一些其他举措，如建筑屋顶涂刷隔热防晒漆，窗户玻璃张贴隔热防晒膜；超前建设处理能力20万吨／年的废品处理厂，担负园区各企业间副产品交换与废旧物资回收、加工和再利用；园区雨污分流，太阳能集热、照明。为了将循环经济与清洁生产贯彻彻底，入园企业均制订循环经济实施方案。

　　园区的循环经济措施也取得了初步成效。园区太阳能系统及阀片叠烧技术年节电可达60万千瓦；雨水收集及中水回用系统年节水可达60万吨；清洁生产每年可减少不可降解垃圾600吨；废硒鼓再生利用年回收碳粉100吨，相当于减少对3 000万吨水源的污染；隔热防晒系统能阻隔60％～80％的太阳能，可降低室温3℃～5℃。

　　在生态工业园区的发展过程中，园区内企业应首先平衡内部的物料循环。第一，将流失的物料回收后作为原料返回到原来的工序中；第二，将生产过程中生成的废料经适当处理后作为原料替代物返回原生产工序中；第三，将生产过程中生成的废料经适当处理后作为原料用于厂内的其他生产工序中。各单个企业注重自身的清洁生产，使用清洁的原料和能源，以及清洁的生产工艺，进而实现园区内各企业内部物料的循环。

在企业内部物料循环达到平衡的基础上实现整个园区内的循环。单个企业的清洁生产和厂内循环具有一定的局限性，对那些厂内无法消解的废料和副产品，只能到厂外去组织物料循环。生态工业园就是要把不同的工厂联结起来形成资源共享和副产品互换的产业共生体系。工业生态系统要求企业间不仅仅是竞争关系，而是要建立起一种"超越门户"的管理形式，以保证相互间资源的最优化利用。

最后在上述基础上建立园区静脉产业：从社会整体循环的角度，要大力发展旧物调剂和资源回收产业（静脉产业），只有这样才能在整个园区直至整个社会范围内形成"自然资源→产品→再生资源"的循环经济闭合环路。所以，应在生态工业园内吸引一些从事资源回收和循环的公司处理副产品，并为园区中的制造企业提供再生原料。同时还要解决园区内部信息不对称的问题，搭建和完善供需双方之间的信息桥梁。

三、生态农业

新型农业体系是在现代生物技术的催生下孕育、在常规农业系统的基础上拓展而来的，相对于常规农业系统，新型农业体系具有更强的多元、和谐特点，以及更大的开放性、包容性与逻辑自洽。每个经济时代对应了不同的农业发展观。农业经济时代主要是"小农业"发展观；工业经济时代和信息经济时代分别以"大农业"和常规农业系统为主流发展观；生物经济时代的农业发展观将是新型农业体系，亦即"超农业"。

目前出现的新型农业包括无土农业、特色农业、精准农业、旅游（观光）农业等。

1. 无土农业

即无土栽培技术。它利用水做溶剂，根据不同作物的生理需求，加以不同量的营养物，配制成不同配方的营养液，以砂石或锯末粉为载体，达到高产、优质、高效的生产目的。同时具有劳动强度低，抗灾抗逆能力强，省工省水省肥的优点。目前主要应用在特需蔬菜的栽培上。

2. 特色农业

指为适应市场条件的要求，开发那些高营养值、高消费值或高附加值的农业项目。不种植常规作物，不养殖常见家畜禽。如开发珍稀苗木、名贵花卉等。

3. 精准农业

这是近年来国际上农业科学研究的热点。核心技术是地理信息系统（GIS）、全球卫星定位系统（GPS）、遥感技术（RS）和计算机自动控制系统在农业上的应用。运用这些系统按照田间每一操作的具体条件，精细准确地调整土壤和作物管理措施，优化农业投入，达到保护农业自然资源的同时获取高产量和高效益。目前已有发达国家开始应用。

4. 旅游（观光）农业

这是与旅游业相结合的一种消遣性农事活动。农民利用当地的优势条件开辟活动场所，提供生活设施，吸引游客，以增加收入。旅游活动的内容除游览田园风景外，还有林间狩猎、水面垂钓、采摘果实等农事活动。人类在经历了300年的工业化、城市化进程之后，基本生活已经得到满足。随着收入的提高，闲暇时间的增多和各种物质条件的便利，已越来越感到城市空间的狭小和不适，在要求食品新鲜、安全的同时更需体验回归自然的感觉。旅游（观光）农业的兴起，不仅可以满足这些要求，在发挥其生产功能的同时，也发挥其休闲度假、保护生态、丰富生活等功能。城乡间的相互排斥、对立关系将变为互补、融合关系。其发展前景十分广阔。

为解决人口和粮食供求矛盾而可能引起的饥荒，20世纪60年代前后曾掀起了第一次绿色革命。而目前出现的新型农业体系突破了经典的常规农业系统，是对传统农业乃至常规农业系统的扬弃，带有第二次绿色革命的性质。那么"小农业—大农业—常规农业系统—新型农业体系"的发展历程是农业在一定程度上规模化整体性的拓展。相对于"小农业""大农业"而言，新型农业体系可称为未来生物经济时代的"现代农业"形态。由常规农业系统和其他拓展的新兴农业系统共同构成的农业与"非农"产业共生共荣、协调发展的新体系，显现出关于食品、营养、健康、资源、环境、生态等领域的相互关系和目标框架，将会成为未来生物经济时代"现代农业"新的框架模式和战略愿景。

四、生态恢复

城市河流的一个主要特征是河道的人工化、硬质化，河道原有的自然的土质岸坡被钢筋混凝土或其他硬质材料所替代。然而20世纪90年代，欧洲国家城市管理者开始注意到：城市河流与周边岸体是城市中最利于保护生物多样性的地带，同时污水处理厂排出的中水能在生态状况好的自然河流中再度净化，使水质真正回归纯净。这一发现使人们重新正确认识了城市河流的功能应首先为当地动植物提供生存空间；在保证城市河流生物多样性的基础上行使河流的泄洪与蓄积地表水资源功能。基于这样的思想，20世纪90年代以后，将"河流重新自然化"的改造工作在欧洲国家的多个城市中认真开展起来。

依据德国下萨克森州环保局1992年发布的"河流重新自然化项目"介绍，"河流重新自然化"的目标包括：恢复适合当地水体与岸体特有的植物和动物的生存条件；营造具有当地特色的融多样性、独特性和美感为一体的景观；终止落后的使用河流的方式。总体目标是改善城市河流环境的生态状况。在仔细分析了当时的城市河流状况与项目可提供的经费能力后，他们重点选择了一系列可操作性强的方法来实现城市河流的重新自然化。

清除过去人工在河流中建造的障碍设施，尤其是横跨河流的坝体设施。因为这些设施会阻止大多数水生生物的扩散和游弋，尤其是阻止河流下游与上游的物种交换。清除或将这些障碍物进行改造后，能重建城市河流生物的洄游通道。另一方面改造河岸，让岸体为两栖类水生生物提供能轻松上岸的条件。因此，岸体应尽可能平缓，还要有通道式的、具多种形状的多洞结构，以利动物栖息、繁衍。在河流的岸体上栽种当地特有的水边乡土木本植物，这能给河流遮阴、固岸、建立水体与岸体的缓冲带，对改善河流生态有很大的帮助。但人工栽种植物的原则是稀疏，只起一个引种作用，以便给河岸植被带的自然演替提供空间。最后建立起河流边缘保护区。在河流的一些岸边建立隔离带，让这些地带成为天然植被区。河流边缘保护区的宽度应为5～10米，也可隔离出更宽的范围。

另一个案例来自韩国。韩国首尔市清溪川由西向东流淌最终汇入汉江。然而随着经济的快速发展，大量的生活污水和工业废水排入河道，导致清溪川污染严重。首尔市历史上曾多次对河道进行过疏通清理和防洪建设，包括硬化河床、修建砌石护坡、裁弯取直等，但这些整治工作不但未能阻止清溪川被进一步污染，反而严重地破坏了河流的自然生态环境，导致河流流量变小、水质变差、河道生态功能丧失。为恢复清溪川的自然面貌，2003年7月，韩国政府启动了清溪川综合整治工程，历时两年三个月于2005年10月竣工。

清溪川综合整治工程中，首先拆除了清溪川上的高架桥。另外对河道水体进行复原，为此首尔市新建了完善的污水处理系统，对原来汇入清溪川的各类污水实施了彻底截污。此外，为保证清溪川一年四季流水不断，维持河流的自然性、生态性和流动性，在经过科学论证后，最终采用三种方式向清溪川河道提供水源：第一种方式主要是抽取经处理的汉江水；另一种方式是抽取地下水和收集雨水，经专门设立的水处理厂处理后进入河道；第三种方式是利用中水。最后是河道景观设计，根据各河段所处区域的经济社会状况，在不同的河段上采取不同的设计理念：西部上游河段位于市中心，毗邻国家政府机关，是重要的政治、金融、文化中心，该段河道两岸采用花岗岩石板铺砌成亲水平台；中部河段穿过韩国著名的小商品批发市场——东大门市场，是普通市民和游客经常光顾的地方，因此该段河道的设计强调滨水空间的休闲特性，注重古典与自然的完美结合，河道南岸以块石和植草的护坡方式为主，北岸修建连续的亲水平台、设有喷泉；东部河段为居民区和商业混合区，该段河道景观设计以体现自然生态特点为主，设有亲水平台和过河通道，两岸多采用自然化的生态植被，使市民和游客可以找到回归大自然的感觉。

在人们意识到城市河流需要回归自然状态的时候，另一方面随着水利工程建设带来的问题逐渐凸显，人们也逐渐意识到弯曲的自然河道与河流生态系统完整性的重要性。世界范围内，当冷静地面对筑坝带来的诸多困惑后，拆坝潮也悄悄地逐渐兴起。

以加拿大为例，其仅在不列颠哥伦比亚省就有超过2 000座的水坝，其中大约有300座已失去原有的功能，或只有微小的效益，但却造成很大的环境生态问题。不列颠哥伦比亚省政府2000年2月28日宣布拆除建成于1956年的希尔多西亚水坝，并和水坝所有者达成一项恢复这条河流生机的协议。该水坝截取了希尔多西亚河70%的水流进入鲍威尔水力发电厂。它的建造曾使得水坝建造前栖息的大量粉红鲑鱼消失。现在，河水将被重新导回希尔多西亚河。

近几年来，法国、挪威、拉脱维亚等国家也相继立法禁止建水库，以保护河流的自然形态。人们已经认识到人类的活动必须尊重自然规律，良好的生态对于维系人类的生存、健康、安全和社会文明发展具有重要的价值，由此形成了要尊重自然、保护生态的经济发展观。

后　记

　　与范春萍是多年好友，一直以来敬佩她对于科普图书出版的情有独钟和那份坚持，因此我是她编辑出版的"绿色经典丛书"的忠实读者，在课堂上更是推荐学生一起阅读。通过提升自身在环境保护与可持续发展的意知行，向环境科学领域的大师们和优秀编辑致敬！

　　来北京师范大学任教后，几次机缘巧合与范春萍聊到对环境的担忧，她似乎又在策划出版系列的环境科普著作，也非常高兴地看到她不断策划高水平的科普新书问世。但直到2011年，当她在北京理工大学出版社会议室召集众多科普专家讨论"回望家园"丛书时，我才感到责任的重大和撰写的难度，原因在于本套丛书立意高远，在可持续发展与环境保护领域不同层面的专家、管理者与公众心中，会有不同的解读和分量。同时在撰写的风格定位上有很高的标准。写作虽然一波三折，题目和大纲反复推敲斟酌，几易其稿，我们能够参与其中就是一个向各路高手学习的机会。既是义不容辞的责任，也是我们的荣幸！写作的过程可以说是痛并快乐着，今天大家看到的这本小书有着很多人心血和汗水的付出。

　　在这里衷心感谢春萍老友坚定的专业精神和科普情结！感谢参与丛书的各位专家的坦诚交流与心灵碰撞！感谢参考资料清单和图片的原作者！是大家使得我们克服重重困难，最终完成此书。

　　弹指一挥间，新世纪已经走过十多年了，人们已经从世纪之交的兴奋中冷静下来。环境科学作为新世纪发展最迅猛的交叉学科日新月异，最新的绿色理念和研究成果似乎离公众很近，但又似乎与实施和行动还相去甚远！从孩童到老人、从城市到乡村、从欧洲到非洲，"可持续发展"成为"地球人都知道"的时尚名词。无数政府要员、影视明星和非政府组织都希望成为环境的代言人和环保的形象大使，电视、网络和广播同样充满激情地传播。我们高兴地看到大家对全球环境变化日益关注和环保意识不断提高，但是一丝丝隐约的担忧还是挥之不去，那就是公众如何获取科学、准确的环境信息，如何采取正确的行动？如何在城乡规划、设计和实施全过程中降低环境风险？如何做一个有环境素养的公民、工程技术人员和管理决策者？

在信息无孔不入的时代，我期望在中国会有越来越多的人能够手捧一本环保主题的图书，无论在城市、乡村或旷野里，还是在社区、工作场所和家中，都能够随时寻找到一个美丽温馨和安全的角落，有阳光或月光、有树荫或花香、有潺潺流水或浪花的地方，静静地阅读和思考，然后与家人、朋友和同事分享，远离污染和喧嚣，充分享受到洁净的空气、安全的水和食物，去反思每个人对地球所带来的环境破坏，用行动为永续发展去拼搏，去建设每个人梦中的"美丽家园"……

初稿完成于2011年春色满园之时节

第一次修改稿完成于2012年春

第二次修改稿完成于2013年秋

第三次修改稿完成于2014年秋

参考书目

［1］陈宗舜. 大坝 河流［M］. 北京：化学工业出版社，2009：26，83-88.

［2］Chen Lei, Managing Water Resources for People's Livelihood and Sustainable Development［M］. 北京/伦敦：中国水利水电出版社和英国帝国理工大学出版社，2012.

［3］［美］保罗·R·伯特尼，等. 环境保护的公共政策研究［M］. 上海：上海三联书店，上海人民出版社. 2004：77.

［4］关雪莹. 天塌下来的时候［M］. 上海：上海锦绣文章出版社，2009：136.

［5］国家环境保护总局环境工程评估中心. 环境影响评价案例分析［M］. 北京：中国环境科学出版社，2005.

［6］江南. 大预言［M］. 北京：北京工业大学出版社，2010.

［7］［加］隆纳·莱特. 进步简史［M］. 海口：海南出版社，2009.

［8］鞠美庭，盛连喜. 产业生态学［M］. 北京：高等教育出版社，2008：399-391.

［9］［丹］科诺·罗娜，思恩·米根，刘静玲，等. 可持续发展实用工具与案例［M］. 北京：中国环境科学出版社，2009：47-93，164-187.

［10］李永丽. 不同尺度下流域水环境风险评价模型和应用研究［D］. 北京：北京师范大学，2009.

［11］刘静玲，贾峰. 环境科学案例研究［M］. 北京：北京师范大学出版社，2006.

［12］刘静玲，杨志峰. 环境科学概论［M］. 北京：高等教育出版社，2010.

［13］刘静玲，曾维华，曾勇，等. 海河流域城市水系优化调度［M］. 北京：科学出版社，2008：26，83-88.

［14］卢荣. 化学与环境［M］. 武汉：华中科技大学出版社，2008.

［15］栾芸，刘静玲，邓洁. 白洋淀流域水资源管理中的公众参与分析及评价［J］. 环境科学研究，2010：23（6）：703-710.

［16］［英］约翰·斯派塞，凯文·加斯顿. 生物多样性及其生态学内涵［M］. 北京：

世界图书出版公司，2007.

　　［17］［英］约翰·格拉森等. 环境影响评价导论［M］. 北京：化学工业出版社，2007：8.

　　［18］［美］世界资源研究所. 国际著名企业管理与环境案例［M］. 北京：清华大学出版社，2003.

　　［19］宋国君等. 环境政策分析［M］. 北京：化学工业出版社，2008：66.

　　［20］宋汉周. 大坝环境水文地质研究［M］. 北京：中国水利水电出版社，2007：31.

　　［21］［美］詹姆斯·古斯塔夫·史伯斯. 朝霞似火［M］. 北京：中国社会科学出版社，2007：126.

　　［22］［美］维西林等. 工程、伦理与环境［M］. 吴晓东，翁瑞，译. 北京：清华大学出版社，2003：88-122.

　　［23］温家宝. 创新理念 务实行动 坚持走中国特色可持续发展之路——在联合国可持续发展大会高级别圆桌会上的发言［OL］. 2012.6.20：www.gov.cn.

　　［24］中国科学院可持续发展战略研究组. 2012中国可持续发展战略报告［M］. 北京：科学出版社，2012.

　　［25］张征. 环境评价学［M］. 北京：高等教育出版社，2004：464，643-645.